AF391216

ENGRAIS
DES JARDINS

ET DES CHAMPS

OU

MOYENS DE S'EN PROCURER, D'EN FABRIQUER A DISCRÉTION ET A BON MARCHÉ

ET

Quels sont les meilleurs engrais animaux, végétaux,
artificiels, chimiques et du commerce,
manière de modifier la nature du sol par leur emploi,
d'avoir de l'eau pour les arrosements, etc.

PAR

F.-V. LEBEUF

—————

PARIS

PAUL DUPONT
24 rue du Bouloi (ancienne cour des Fermes).

—

1888

Depuis longtemps nos clients nous consultent sur les moyens de se procurer des engrais pour l'horticulture en général, et pour la culture de l'asperge et du fraisier en particulier. Jusqu'à présent il nous a fallu nous borner à leur indiquer les engrais qu'on trouve dans le commerce ; mais cela n'a pas toujours répondu à leur attente : la pratique n'a pas sanctionné les assertions de la théorie, et nos clients sont revenus plus pressants à la charge, pour nous mettre en demeure de leur indiquer la manière de fabriquer eux-mêmes des engrais.

Cette question a préoccupé de tout temps les horticulteurs et les agriculteurs, et des efforts de toute nature ont été tentés pour augmenter la production des engrais. En ces derniers temps, on a eu recours à la chimie et on a voulu faire des engrais *exclusivement chimiques* pour *remplacer les engrais naturels*. La question valait la peine d'être étudiée; or, comme elle nous intéressait plus encore que tout autre, nous avons voulu nous rendre compte de ce qu'on pouvait en attendre, et nous avons fait des essais. C'est le résultat de ces expériences que nous publions.

Depuis cinq ou six ans, nous avons promis de mettre au jour ce que la pratique nous avait démontré ; nous tenons parole un peu tardivement ; mais il n'a pas dépendu de nous de nous exécuter plus tôt.

Nous répondons aux quatre principales questions qu'on nous a posées invariablement :

Quelle est la valeur des engrais chimiques ?
Quels sont les meilleurs engrais ?
Comment se procurer de l'engrais ?
Comment fabriquer de l'engrais ?

Nous n'avons pas la prétention d'avoir résolu à fond ces questions et d'en avoir dit le dernier mot ; seulement, nous croyons les avoir élucidées et mises à la portée de tout le monde et débarrassées des superfétations, des argumentations scientifiques et théoriques, qui se donnent une importance exagérée ici comme en toutes choses. Ce que nous avons voulu faire surtout, pour répondre aux désirs de nos clients, c'est de donner des formules simples qui, au besoin, puissent varier à l'infini, afin de répondre à toutes les situations, à toutes les nécessités et à toutes les exigences des cultures.

Aussi nous espérons que ce petit livre sera accueilli favorablement par ceux qui nous ont suscité l'idée de le faire.

Argenteuil, le 1er mars 1872.

LES ENGRAIS

COMPOSITION DU SOL.

Le sol arable se divise en trois classes principales, au point de vue de la consistance :

Les sols légers,

Les sols francs,

Les sols compacts ou argileux.

Les sols légers sont ceux où le sable calcaire ou la silice dominent, et où l'argile ou l'alumine font presque défaut.

Les sols francs sont ceux où le sable ou la silice sont en égale proportion, ou à peu près, avec l'argile ou l'alumine.

Les sols compacts sont ceux où l'argile domine et où le sable calcaire ou la silice sont en faible proportion.

Chacune de ces classes peut se subdiviser à l'infini, selon que la silice, le calcaire, l'argile, etc., sont en plus ou moins grande quantité. Ceci étant très secondaire à notre étude, nous ne nous en occuperons pas.

Les chimistes distinguent neuf espèces de terre ou oxydes minéraux; mais on n'en rencontre généralement que quatre dans le sol arable ; ce sont :

La silice,
La chaux,
L'alumine,
La magnésie.

Cette dernière est celle qui se trouve en plus petite quantité.

Les substances les plus abondantes sont : l'alumine, la silice et la chaux, combinées entre elles dans des proportions très variables.

Voici, du reste, le tableau des substances qu'on rencontre dans les terres :

Le carbonate de chaux (chaux et acide carbonique),
Les sulfates de chaux (acide sulfurique et chaux),
Le sable calcaire (acide et chaux),
Le nitrate de chaux (acide nitrique et chaux),
Le phosphate de chaux (phosphore et chaux),
Le spath fluor (acide fluorique et calcium),
Les marnes (carbonates divers),
Le feldspath (silice, alumine, potasse, etc.),
Le quartz ou silex (silicium et oxygène),
Le carbonate de magnésie (acide carbonique et magnésie),
Le sulfate de magnésie (acide sulfurique et magnésie),
Le mica (alumine, oxyde de fer, silice, potasse, etc.),
Les schistes (alumine oxyde de fer, silice, etc.),
L'hydrochlorate de soude (chlore et sodium),
La soude carbonatée (acide et soude),
Le sulfate de soude (acide sulfurique et soude),
Le nitrate de potasse (acide nitrique et potasse),

Le sulfate de potasse (acide sulfurique et potasse),
La potasse (potassium et oxygène),
L'oxyde de fer (fer et oxygène).

Ce sont ces diverses substances qui servent de nourriture aux végétaux qui se les approprient en les combinant avec d'autres éléments, ou sous leur influence.

Il résulte donc de ce qui précède que les éléments qui composent le sol peuvent se réduire aux suivants :

Calcium,
Chlore,
Fer,
Magnésium,
Manganèse,
Phosphore,
Potassium,
Silicium,
Sodium,
Soufre.

On ne les rencontre jamais à l'état pur dans le sol ; mais combinés dans diverses proportions, soit entre eux, soit encore avec les acides, l'oxygène, etc., comme nous venons de le dire.

ALUMINE, CHAUX, SILICE, MAGNÉSIE. — CE QUE C'EST, LEURS CARACTÈRES PHYSIQUES ET CHIMIQUES.

Nous avons dit que l'alumine, la chaux, la

silice et la magnésie étaient les quatre espèces de terre qu'on rencontre dans le sol arable ; il nous reste à faire connaître leurs caractères physiques et chimiques.

L'alumine pure est blanche, impalpable, pulvérulente, douce au toucher ; elle est inodore, insipide et insoluble dans l'eau ; mais elle forme avec elle une masse molle et pâteuse. Elle retient quatre fois son poids d'eau.

L'alumine est la base des terres argileuses et compactes ; elle est toujours mélangée à d'autres éléments minéraux. On désigne les sols qui en contiennent beaucoup sous le nom de terres argileuses.

Les sols argileux ne sont profitables, en horticulture, qu'à force de labours et d'engrais ; ils sont peu hâtifs.

L'argile retient l'eau avec beaucoup d'énergie, 100 parties peuvent en absorber 70, sans en laisser échapper.

La chaux ou *protoxyde de calcium* est la base des sols calcaires, qui sont les plus nombreux. On ne la rencontre pas à l'état de pureté dans la nature, mais sous forme de carbonate ou de sulfate.

A l'état de carbonate, elle constitue les montagnes calcaires, les marbres ; à l'état de sulfate, elle donne les gypses ou plâtres, et à celui de phosphate, elle constitue les os. Elle est formée de 38,1 oxygène et 100 calcium.

La chaux *cuite* étant débarrassée de son eau de cristallisation et de l'acide carbonique, prend le nom de *chaux vive*. Dans cet état, si on l'expose à l'air, elle absorbe rapidement les vapeurs aqueuses de l'atmosphère, se gonfle, se divise, et tombe en poudre.

Les terres calcaires sont généralement plus actives que les autres.

La silice est très répandue dans la nature ; mais on ne la rencontre pure nulle part. Elle est insoluble dans la plupart des acides. C'est la principale partie des cailloux et de presque toutes les pierres qui font feu avec l'acier, et donnent des matières vitreuses par la fusion avec les alcalis. La silice entre dans la plupart des sols arables. Le granit, le gneiss, le porphyre en contiennent une grande partie. Le feldspath, le quartz, la roche cornée en sont également composés, mais c'est dans le cristal de roche où elle est le plus pure.

La magnésie, ou *oxyde de magnésium,* se trouve principalement dans les sols granitiques et sur les bords de la mer. Elle est insoluble dans l'eau, inaltérable à l'air, et soluble dans les acides avec lesquels elle forme des sels.

On ne la rencontre jamais à l'état pur dans les terres, mais sous forme de carbonate ; un grand nombre de pierres en contiennent.

QUELLE EST LA COMPOSITION DES VÉGÉTAUX.

Les chimistes modernes se sont attachés à reconnaître la nature des substances dont sont formés les végétaux. Ils sont, aujourd'hui, d'accord sur ce point important. Il résulte de ces recherches que les plantes sont formées de quatorze éléments dont dix minéraux, qui sont :

    Phosphore,
    Soufre,
    Chlore,
    Silicium,
    Fer,
    Manganèse,
    Calcium,
    Magnésium,
    Sodium,
    Potassium,

et de quatre éléments organiques, qui sont :

    Carbone,
    Oxygène,
    Hydrogène,
    Azote.

Les éléments minéraux n'existent pas à l'état normal dans les végétaux ; on ne les trouve qu'en incinérant les plantes complètes et en traitant leur cendre par l'analyse.

Cette manière de procéder est-elle bien exacte ? Telle est la question que nous nous faisons et que beaucoup d'autres ont dû se faire. S'il est certain que les éléments minéraux ne sauraient changer en quantité, il nous semble que leur degré d'oxydation ne saurait être constaté exactement comparativement à celui de la terre d'où sont tirés les végétaux. Les quantités d'oxygène, d'hydrogène, de carbone et d'azote seraient donc des à-peu-près.

Quoi qu'il en soit, il ressort des analyses chimiques un point essentiel : c'est que les végétaux contiennent les mêmes éléments que le sol, comme on peut le voir, si on rapproche le tableau des 14 éléments que nous venons de citer. On verra qu'ils coïncident parfaitement entre eux et que tous y sont représentés.

Que faut-il conclure de là ? Que les plantes tirent, sinon tout, du moins une grande partie de leur nourriture des substances dont le sol est composé.

Ce point reconnu, il est facile de démontrer que les engrais ne sont que des moyens réparateurs ou compensateurs, et qu'ils doivent être donnés en raison de la consommation des plantes, si la théorie correspond bien à la pratique.

Du moment où il a été reconnu par la science que les éléments désignés plus haut, et qui se trouvent dans les plantes, sont les mêmes que ceux qu'on rencontre dans le sol, il n'y avait plus que deux questions à résoudre qui sont celles-ci :

1° La totalité des éléments contenus dans les plantes est-elle empruntée au sol seulement ; l'air atmosphérique n'y contribue-t-il pas pour quelque chose ?

2° Dans quelles proportions ces éléments sont-ils absorbés, en supposant que l'air atmosphérique fournisse quelque chose ?

Pour la première question, la réponse n'était pas embarrassante, car, d'après les lois de la physiologie végétale connues depuis long-temps, on a pu établir que les plantes absorbaient à l'air atmosphérique par les feuilles les 4 éléments organiques :

> Le carbone,
> L'oxygène,
> L'hydrogène,
> L'azote.

Quant aux 10 éléments minéraux, il est évident qu'ils sont presque exclusivement empruntés au sol ou aux engrais.

Dans quelles proportions les 14 éléments dénommés sont-ils absorbés ?

La solution présente d'assez grandes difficultés si l'on veut arriver à des chiffres ; mais, néanmoins, il est démontré :

1° Que certains éléments sont empruntés en grande partie, sinon en totalité, à l'air atmosphérique ;

2° Que d'autres sont toujours en quantité suffisante dans le sol ;

3° Que d'autres, enfin, sont largement absorbés, et qu'ils doivent être renouvelés pour éviter l'appauvrissement du sol ;

Parmi les premiers, il faut citer le carbone et l'azote ;

Dans les seconds, le chlore, le silicium, le fer, le manganèse et le magnésium ;

Enfin dans les troisièmes, le phosphore, le soufre, le calcium, le potassium et le sodium, à l'état de :

> Phosphate acide de chaux,
> Nitrate de potasse,
> Sulfate d'ammoniaque,
> Sulfate de chaux.

Cette formule est donnée par M. Ville sous le nom d'engrais complet, pour le blé ; il n'intéresse donc guère que la grande culture ; nous reviendrons sur cet engrais chimique, lors de l'application à l'horticulture, et nous fixerons les quantités respectives de chaque élément.

Il n'est pas fait mention ici du nitrate de soude, dont nous aurons à nous occuper.

Toutefois, nous n'acceptons cette formule que pour ce qu'elle vaut, comme on le verra plus loin.

DE L'HUMUS.

Les anciens chimistes agricoles étaient à peu près d'accord sur l'humus ; aujourd'hui il n'en est pas précisément de même, et on pose ces questions :

Qu'est-ce que l'humus ?

Quels sont les fonctions de l'humus ?

L'humus est-il utile ?

Nous allons essayer de les résoudre, sinon au point de vue scientifique, et d'une manière satisfaisante, du moins au point de vue pratique, d'une manière à peu près exacte. Ces question sont une importance majeure, et il ne faut pas que les praticiens se laissent étourdir par les partisans des engrais chimiques au point de nier l'existence de l'humus, qui, tout en n'étant pas un élément principal du sol, n'en est pas moins un des moyens mécaniques les plus puissants pour entretenir les fonctions de la végétation.

Qu'est-ce que l'humus ?

L'humus est composé des débris organiques dont la décomposition a détruit les formes et la structure. Il se rencontre dans la terre sous l'apparence d'une poudre d'un gris foncé, très légère, combustible et poreuse. L'eau ne le dissout pas en entier ; mais les alcools le dissolvent en totalité.

Les engrais employés en grande quantité produisent l'humus, ainsi que tous les végétaux qui pourrissent dans le sol.

L'humus a peu de cohésion ; c'est de tous les éléments de la terre celui qui décompose le plus l'air atmosphérique et absorde la plus grande quantité d'oxygène.

Il s'échauffe très rapidement au soleil, mais il perd vite sa chaleur. Il s'échauffe vite parce que sa couleur est foncée, et il se refroidit rapidement parce qu'il est très poreux.

L'humus ne se rencontre qu'à la surface du sol, c'est-à-dire dans la région occupée par les racines des végétaux.

La terre végétale et un mélange de terre et d'humus.

L'humus est combustible, étant formé en grande partie de corps gazeux qui se volatilisent sous l'influence de la chaleur. Il n'est jamais soluble en entier, mais il le devient peu à peu, au fur et à mesure que certains agents réagissent sur lui.

Quelles sont les fonctions de l'humus ?

Exposé à l'air, l'humus absorbe plus d'humidité que tous les autres éléments.

L'humus diminue la cohésion des terres

argileuses et les rend plus propres à retenir l'eau.

En absorbant les vapeurs aqueuses de l'atmosphère, il empêche le dépérissement des plantes par la sécheresse et, comme les métaux, augmente la facilité du sol à s'échauffer et à conserver sa chaleur, bien qu'il ne puisse la conserver longtemps lui-même.

L'humus concourt à la nutrition des plantes; aussi plus un sol en contient, plus il a de valeur; toutefois, il ne faut pas qu'il dépasse 10 pour 0/0, car au delà il devient nuisible.

Les marécages et les terres tourbeuses sont celles qui en contiennent la plus grande quantité; aussi sont-elles impropres à la culture, si on ne les soumet pas à l'écobuage, au desséchement, etc.

« L'humus du terrain, dit un professeur allemand, n'est pas toujours de même qualité: car sa solubilité et sa puissance nutritive décroissent à mesure qu'il diminue, parce qu'il devient de moins en moins composé et se réduit, à la fin, en charbon acidifié, substance qui résiste opiniâtrément à la décomposition. Il contient, souvent aussi, des acides libres, ordinairement de l'acide acétique, quelquefois de l'acide phosphorique qui ne s'en séparent que très difficilement et retardent sa dissolution. »

L'humus est-il utile ?

L'humus est utile physiquement et chimiquement.

Physiquement : 1° Parce qu'en raison de sa couleur, il absorbe le calorique et le transmet à la terre.

2° Parce qu'il divise le sol, en en diminuant la cohésion, par l'interposition de ses molécules désagrégeantes.

3° Parce qu'il absorbe les vapeurs aqueuses de l'atmosphère pour les transmettre au sol ou aux plantes.

Chimiquement : 1° Parce qu'il emmagasine les éléments nutritifs nécessaires aux plantes, composés des engrais organiques et inorganiques non utilisés.

2° Parce qu'il s'approprie l'oxygène de l'air qu'il décompose et réagit sur les éléments minéraux du sol.

3° Parce qu'il fixe l'ammoniaque dans le sol et le retient jusqu'au moment où les besoins des plantes le réclament.

4° Parce qu'il exerce sur les éléments minéraux une action directe en raison de la composition du sol, de leur nature, de leur qualité, etc.

L'utilité de l'humus ne saurait donc être contestée.

ÉLÉMENTS NÉCESSAIRES A LA NUTRITION DES PLANTES.

Comme on l'a vu précédemment, les plantes contiennent et absorbent, soit par les suçoirs de leurs racines, soit par les pores de leurs feuilles, les substances dont elles sont composées, cela est indubitable.

Cependant ces substances, même celles qui sont de nature minérale, ne sont certainement pas toutes extraites du sol telles qu'on les rencontre dans la plante elle-même lors de l'analyse par incinération ; car les éléments atmosphériques, l'électricité, la chaleur, l'humidité, etc., jouent un rôle dont il n'a, ce nous semble, jamais été sérieusement tenu compte. Il est incontestable que le calorique, l'électricité, l'humidité, etc., influent puissamment sur les combinaisons chimiques dans les végétaux. Les analyses ne peuvent nous donner que des notions incomplètes sur la formation de ces minéraux. Tout en nous renseignant plus ou moins exactement sur leurs quantités respectives, elles ne sauraient exactement nous démontrer ni comment ni pourquoi ils sont formés, et leur présence est un problème insoluble, malgré tous les raisonnements des chimistes ; raisonnements qui se trouvent très souvent en opposition avec la pratique.

Il faut donc conclure de tout ce que les partisans des engrais chimiques ont pu dire, qu'il est prudent de ne considérer que comme un simple renseignement ou, au plus, comme une quasi-probabilité que les quantités approximatives des substances trouvées par l'analyse dans les plantes sont en rapport avec celles qu'elles empruntent au sol et à l'athmosphère.

C'est en vain que les chimistes interviendront avec le raisonnement, les réactifs et la balance ; il y a au-dessus de cela des causes inconnues et des effets qui ne se pèsent pas.

Malgré tout, il faut reconnaître que les éléments qui composent les plantes leur sont indispensables, et qu'il est utile de les mettre à même, sinon de les absorber toutes fabriquées, du moins de leur fournir les moyens de les *fabriquer* elles-mêmes ou de se les assimiler, en telles proportions qu'il leur convient.

CLASSIFICATION DES ENGRAIS.

Les engrais appartiennent à deux classes différentes :

1° Les engrais organiques,

2° Les engrais minéraux.

Les engrais organiques sont composés de ce qui est animal et végétal, ainsi que de tous les débris qui en proviennent.

Les engrais minéraux se composent de

tous les corps minéraux solubles dans l'eau ou susceptibles de le devenir tôt ou tard, sous les influences de l'eau, de la chaleur, de l'air, etc.

On considère comme engrais organiques : la chair des animaux, les os, les excréments, les feuilles, les tiges, les racines, les fruits, les graines des plantes ; la tourbe, la terre pourrie, la vase des marais, les tourteaux des graines oléagineuses, la suie, qui en sont des détritus ou des débris.

Sont rangés au nombre des engrais minéraux : le soufre, la chaux vive, le carbonate de chaux, les cendres de bois, de tourbe et de houille et toutes les autres matières qui contiennent les diverses substances qui servent à la nourriture des plantes et dont l'énumération est plus haut (voir page 5), ou, ce qui est la même chose, les dix éléments dont le sol arable est composé, comme nous l'avons dit, tels que le calcium, le chlore, le fer, le magnésium, le manganèse, le phosphore, le potassium, le silicium, le sodium, le soufre à l'état combiné. Toutes ces substances, pour être absorbées et assimilées par les plantes, doivent être solubles dans l'eau ; autrement elles ne sauraient constituer un engrais, puisque les végétaux n'absorbent par les suçoirs de leurs racines que les eaux, et par les stomates des feuilles que l'air atmosphérique.

LES ENGRAIS CHIMIQUES.

On a fait grand bruit des conférences de
M. G. Ville, à Vincennes. Il s'agissait de remplacer les fumiers de ferme par des substances
chimiques. Ainsi, avec les éléments princi-
paux contenus dans les plantes, on formerait
un engrais complet composé, comme nous
l'avons vu, de :

    Phosphate de choux,
    Nitrate de potasse,
    Sulfate d'ammoniaque,
    Sulfate de chaux.

Cet engrais avait une telle puissance, une
telle énergie, qu'avec 3 kilos seulement on
produisait 100 kilos de blé. Il y avait de quoi
crier au miracle!... Aussi les fabricants
d'engrais surgirent-ils de tous côtés. Heureu-
sement, les praticiens y ont regardé à deux
fois et ont bien vite reconnu que les susdits
engrais ne faisaient pas d'aussi grandes mer-
veilles.

Les substances ci-dessus ne sont que des
stimulants, des sels caustiques qui décomposent énergiquement et rapidement les matières organiques, l'humus, et forcent la terre
à donner en quelques années ce qu'elle aurait
produit en plusieurs. C'est l'appauvrissement
du sol, la jouissance immédiate aux dépens

de l'avenir ; c'est la destruction de l'humus.

Il n'y a, du reste, rien de nouveau dans le système de M. G. Ville, si ce n'est la forme. Les plus anciens agronomes ont traité des matières chimiques ci-dessus et les ont recommandées comme stimulants, mais avec moins de bruit et en termes moins pompeux. En effet, toutes ces substances, qui étaient parfaitement connues, ont été de tout temps employées, si ce n'est absolument sous la forme chimique, du moins sous une autre plus économique. Les os, les vieux plâtras, l'urine, le plâtre et autres matières de cette nature, représentant les engrais chimiques d'aujourd'hui, étaient utilisés avec soin par les cultivateurs intelligents. On voit qu'il n'y a pas lieu de faire un grand étalage de science pour cela. Le seul parti qu'on puisse tirer des substances chimiques, c'est de les employer comme appoint des engrais animaux et végétaux ou comme auxiliaires des engrais artificiels. (Voir plus loin.)

AMENDEMENTS. LEUR ACTION SUR LE SOL.

On confond assez généralement les amendements avec les engrais ; cependant ils diffèrent essentiellement. L'amendement est l'action produite par l'addition d'une substance étrangère au sol ou qui y est en trop faible proportion. Amender une terre, c'est donc en modifier la nature ou la constitution. Ainsi, on amende un sol siliceux ou sableux en y incorporant de l'argile, un sol argileux en y ajoutant du sable, un terrain dépourvu de calcaire en y mettant de la chaux, etc.

En horticulture, encore plus qu'en agriculture, on a besoin que le sol soit d'une consistance moyenne, c'est-à-dire que ni le sable, ni l'argile y dominent ; autrement, ou la culture serait difficile, ou les plantes n'y réussiraient que très imparfaitement, malgré la grande quantité d'engrais qu'on y transporterait.

Quand on convertit une terre en jardin, il est indispensable de s'assurer de la nature du sol, afin de n'être pas obligé de faire deux fois la besogne de nivellement, défoncement, transport des terres, etc.

Un sol qui contient de 40 à 60 0/0 de sable n'a pas besoin d'amendement. Celui qui est composé de 35 à 50 0/0 d'argile peut également s'en passer. Au delà il est nécessaire de l'amender.

Il y a une autre nature de sol qu'il est aussi très important de modifier, ce sont les sols tourbeux ; ceux-là manquent de terre ; on les amende en y apportant ou de la terre franche ou toute autre.

Incorporer du sable dans de l'argile et *vice*

versa n'est pas toujours aussi facile qu'on le suppose. Il faut recourir à certains moyens que nous allons indiquer ; autrement, si l'on se bornait à répandre du sable sur de l'argile, au premier labour il descendrait au fond de la jauge pour n'en pas remonter, et si l'on étalait de l'argile sur du sable, elle resterait à la surface.

Si l'on veut ajouter du sable à un sol argileux, on doit l'étendre par dessus, au printemps, et, après chaque petite pluie, donner un fort coup de binette entamant autant de terre que de sable, pour opérer le mélange. On renouvelle cette opération plusieurs fois en augmentant toujours de 3 centimètres au moins la couche de terre remuée, et cela jusqu'à la profondeur de 12 centimètres. Alors on recourt à la bêche, on fume avec du fumier bien pourri et réduit en terreau, et on donne un labour d'un demi-fer de bêche, soit 13 à 14 centimètres, en ouvrant une bonne jauge pour opérer plus facilement le mélange. Ce n'est qu'au cinquième ou sixième labour qu'on devra atteindre la profondeur du fer de bêche, soit 25 à 27 centimètres.

Si le sol ne contient pas de chaux, il sera très utile d'en ajouter un hectolitre par are ; cela facilitera le mélange. On l'emploiera comme il est dit plus loin.

Ce travail peut durer de trois à quatre mois.

La quantité de sable à employer varie suivant la compacité du sol. Dans un sol compacte il faut souvent une couche de 5 à 6 centimètres de sable fin.

Indépendamment de l'addition de sable, on doit rechercher tous les moyens dont on peut disposer pour alléger le sol; fumer avec du fumier de cheval et, quand on peut s'en procurer, avec du crottin ramassé sur les routes pavées ou même sur les chemins macadamisés. Apporter de la tourbe 2 ou 3 centimètres tous les ans quand on en a à sa disposition; du frasis ou poussière de charbon, des cendres de toute nature, et généralement toutes matières propres à diviser la terre.

Pour donner de la consistance à un sol qui en manque on doit faire tout le contraire : il s'agit, en effet, de rapporter de l'argile. L'opération est tout aussi longue et tout aussi difficile.

Au mois de novembre recouvrez le sol de 6, 8 ou 10 centimètres d'argile, selon son degré de légèreté, réduisez-la en morceaux aussi ténus que possible et laissez agir les gelées. Après chaque dégel étalez-la et essayez de la mélanger le plus possible à l'aide d'une fourche courbée; répétez l'opération à chaque dégel, et si le mélange n'est pas complet au mois de mars, employez la bêche, faites un demi-labour (de 12 à 13 centimètres), et recommencez quatre ou cinq fois.

Il faut employer, pour engrais, le fumier de vache, les boues de rues, les vases d'étangs, les engrais de végétaux pourris dans des fosses avec des purins provenant de fumier de bœuf ou de vache.

Dans le cas où l'on voudrait employer la chaux comme amendement, on devrait procéder comme il suit :

1° Mettre la chaux vive en petits tas ;

2° La recouvrir d'une couche de terre de 5 à 10 centimètres au plus ;

3° L'étaler sur le sol après qu'elle est complètement fusée.

La marne produit souvent des effets très marqués sur la fertilité du sol ; mais elle ne saurait remplacer la chaux en horticulture. Nous ne la signalons qu'à titre de renseignement et dans le cas où l'on aurait une année tout entière devant soi pour l'employer. Cependant, il y aurait un moyen de la préparer qui supprimerait en quelque sorte l'attente : ce serait de faire fuser à l'air, dans une pièce à part, la quantité de marne que l'on voudrait employer, et, quand elle serait suffisamment aérée, de la répandre dans le jardin et de l'enfouir immédiatement par un labour assez léger (18 à 20 centimètres), soit de deux tiers de fer de bêche.

STIMULANTS.

Les stimulants ont été souvent confondus avec les amendements ; cependant ils n'ont presque rien de commun ; les amendements agissent directement sur le sol, tandis que les stimulants agissent directement sur les plantes et indirectement sur le sol, rarement directement.

Le calorique provenant soit du soleil, soit d'appareils souterrains comme le thermosiphon, soit par le chauffage à l'aide de fourneaux, de couches, soit de l'action du soleil, etc., est un stimulant.

Les minéraux, le gypse ou plâtre, le sulfate de fer, le soufre, l'oxyde de fer, etc., sont également des stimulants. La potasse, les cendres qui en contiennent, le phosphate de chaux, le guano, sont également des stimulants.

Nous n'avons pas à rechercher ici quel est le mode d'action des divers stimulants, ce serait entrer dans des détails scientifiques dont le praticien n'a que faire ; il nous suffit de savoir et de connaître le résultat. Or, en horticulture, les stimulants mis en usage ne peuvent guère être que le calorique sous diverses formes, le sulfate de fer, les alcalis et la chaux sous forme de phosphate.

Le calorique est suffisamment connu ; tout le monde sait ce que c'est qu'une couche, un châssis, une terre chauffée, soit à la vapeur, soit au thermosiphon, etc. Les effets en sont également connus.

Le sulfate de fer, le plâtre ou gypse et le phosphate de chaux ont une action directe sur les plantes, comme l'a démontré notre savant compatriote Eusèbe Gris, qui en a fait une étude toute particulière. Les plantes languissantes de la famille des légumineuses prennent un grand développement sous l'action du plâtre ; le sulfate de fer rend, en quelques jours, la couleur verte à celles qui sont atteintes de chlorose, et le guano active la végétation de celles qui souffrent faute de l'élément phosphorique dans certains terrains. La science nous indique que le sulfate de chaux fixe l'ammoniaque et qu'il y a une double décomposition à l'aide de laquelle le carbonate d'ammoniaque passe à l'état de sulfate sous lequel il est fixe et s'assimile plus aisément.

Ajoutons toutefois qu'à part le sulfate de fer employé en dissolution sur les plantes atteintes d'anémie ou de chlorose, et le phosphate de chaux, le gypse ou plâtre n'a pas d'action marquée en horticulture. Aussi ne l'emploie-t-on presque jamais.

Le soufre est également peu ou pas employé, et ses effets sont encore peu connus.

Les cendres, au contraire, ont une action très marquée dans les sols compacts ou employées concurremment avec les engrais animaux.

On a parlé aussi du sel comme amendement, engrais ou stimulant ; on l'a mis un peu à toutes les sauces. En cuisine, cela n'est pas surprenant ; mais nous devons dire que par son emploi dans les terres siliceuses et calcaires, nous n'avons jamais obtenu aucun effet, si ce n'est un peu plus de fraîcheur. Un fait nous revient à la mémoire : Un conquérant d'autrefois fit répandre du sel sur le sol d'une partie du territoire qu'il avait envahi, pour rendre les terres stériles, et il y réussit. Pendant près de cinquante ans elles ne produisirent rien.

Dans les essais auxquels nous nous sommes livré, nous n'avons rien remarqué, si ce n'est que les engrais animaux employés en même temps que le sel à haute dose nous ont semblé se décomposer moins rapidement; ce qui serait une raison pour en faire proscrire l'usage. Si, parmi nos lecteurs, il s'en trouve quelques-uns qui l'aient essayé, nous recevrons avec plaisir leurs observations.

SOL. — MODIFICATION DE SA NATURE.

Il y a des sols dont la nature est telle qu'ils seraient impropres à la culture des légumes et des fruits si on ne la modifiait pas par des moyens artificiels, tels sont les sols :

Argileux,
Silicenx ou sablonneux,
Humides ou marécageux,
Tourbeux,
Acides ou anciennement boisés,
Pierreux,
En pente rapide,
Croûteux,
Secs et arides.

Sols argileux. Nous avons dit au chapitre *amendements* tout ce qu'il est nécessaire de faire pour modifier ces terrains ; ce serait donc nous répéter que d'en entretenir le lecteur ici.

Sols sablonneux ou siliceux. Nous avons également parlé à l'article *amendements* de ces sortes de terres et nous avons indiqué les moyens mécaniques de corriger leur nature. Pour ne pas redire ce que nous avons dit, nous y renvoyons le lecteur.

Sols humides ou marécageux. Ces sols doivent être envisagés sous trois aspects : 1° les sols humides où l'eau ne séjourne que pendant l'hiver ou une certaine partie de l'année ; 2° ceux où l'eau se trouve à une certaine profondeur en tous temps; 3° et ceux qui, indépendamment de ces deux formes, contiennent des débris végétaux non décomposés et à l'état acide.

Les premiers doivent être assainis soit par le drainage, soit par l'exhaussement du terrain, qu'on billonne par carrés et dont les parties basses servent à l'écoulement des eaux, soit en abaissant certains points pour en recharger d'autres, et cela suivant les pentes des sols. Pour engrais, employer les fumiers de cheval et de mouton, la colombine. (Voir plus loin aux engrais spécialisés.)

Les seconds doivent être drainés également et sillonnés de canaux ouverts ou dissimulés suivant les cas, mais de manière à utiliser les eaux pour les arrosages et autres besoins. Pour engrais, les cendres, la chaux si ce sol n'est pas calcaire, le fumier de mouton, de cheval, les débris de cendres de houille, de charbon de bois.

Quant aux troisièmes, ils exigent les mêmes soins que les seconds, et, de plus, un traitement chimique se rapprochant de celui des terrains tourbeux ou acides dont nous allons parler plus loin. C'est donc au propriétaire à déterminer le plus exactement sa nature, afin de lui appliquer le correctif le plus propre à le rendre fertile et à éloigner l'humidité surabondante qui le rend impropre à la culture des légumes, arbres fruitiers, etc. Pour engrais, la chaux, la marne, le fumier de cheval, les cendres, les engrais potassiques, les débris des foyers de chaudières à vapeur, des cendres de houille, le guano.

Sols tourbeux. Ces sols sont pour ainsi dire infertiles quand ils sont presque exclusivement composés de tourbe. Pour leur donner le degré de fertilité voulu afin d'en tirer parti en horticulture, il faut recourir aux moyens suivants :

1° S'ils sont humides, les traiter comme les terres de cette nature ;

2° Comme ils sont plus ou moins acides, on doit agir chimiquement sur eux soit en brûlant une partie de la tourbe la plus pure qu'on peut rencontrer dans la pièce, soit en y mêlant de la chaux vive, des cendres de houille ou autres ;

3° Les fumer avec des engrais de basse-cour.

« D'après Thaer et Einhof, la tourbe *mouillée* donne de 18 à 25 parties de tourbe *sèche* et contient de l'acide phosphorique libre. Elle est en elle-même insoluble dans l'eau ; mais si on la mélange avec du natrum (carbonate de soude) ou de la chaux vive, elle se dissout complètement, à l'exception de quelques fibres ligneuses. 100 parties de tourbe sèche donnent 41 à 48 parties de charbon ; 100 parties de charbon donnent 30 à 35 parties de cendres. »

Sols boisés ou acides. Ces sols, quand ils sont mis en culture, doivent être traités absolument comme les sols tourbeux. Il faut à tout prix saturer et détruire l'acide et le tannin qu'ils contiennent ; or, ce n'est qu'à l'aide de la chaux, des engrais phosphatés, du guano, de la marne calcaire qu'on peut y parvenir.

Sols pierreux. Ces sortes de terrain ne peuvent être utilisés en horticulture qu'à la condition de les purger des pierres qu'ils contiennent, afin que les labours à la bêche puissent s'exécuter avec facilité. Pour cela on les défonce à 50 ou 60 centimètres et on passe la terre à la claie pour en extraire toutes les pierres.

Sols en pente. Ces sols laissent écouler les eaux à leur surface, ce qui entraîne la terre et déracine les plantes, lors des grandes pluies ou des arrosages. Il est de toute nécessité de les dresser en gradins, pour avoir des parties planes ; on soutient les talus soit par des murs, soit par des haies vives qu'on tient très courtes, soit par des bordures élevées, soit par des plantations de lierre, etc.

Sols croûteux. Les sols qui se durcissent après les pluies, sous l'effet de la sécheresse, doivent cet inconvénient au défaut de terreau et d'engrais. On en a raison en fumant abondamment et en paillant tous les semis aussitôt qu'ils sont faits, ou avant le repiquage des plantes. En quelques années on parvient à leur donner de la porosité et à les soustraire à cette fâcheuse influence.

Les terrains légers, siliceux et calcaires sont particulièrement sujets à se durcir. On doit donc recourir à ces moyens le plus promptement possible ; car les racines des plantes étant ainsi privées d'air ne peuvent prospérer, puisque la couche superficielle les étreint et les soustrait aux influences atmosphériques. L'eau des pluies et des arrosages coule dessus comme sur de la brique, sans atteindre la couche inférieure.

Sols secs et arides. Les sols de cette nature ont besoin de deux grands correctifs : de l'eau et des engrais.

Il n'est pas toujours facile d'amener de l'eau là où il n'y en a pas ; cependant il est bien rare qu'on ne puisse s'en procurer un peu, si ce n'est en quantité suffisante. Pour cela, il faut recourir à tous les moyens, tels que ceux-ci :

Recevoir les eaux pluviales des toits, dans des citernes bien cimentées ;

Construire des bassins, également cimentés, dans lesquels on conduit les eaux d'égouts, qui la plupart du temps non seulement sont perdues, mais causent encore des dommages dans les propriétés en pente rapide ;

Planter des arbres dont la haute taille projette de l'ombre de loin, tels que les conifères, sapins épicéas ou Wellingtonia, etc., afin de ne pas étioler les plantes et épuiser le sol par leurs racines qui courraient dans les carrés ;

Pailler tous les semis à partir du 1ᵉʳ mars jusqu'au 15 septembre.

Quant aux engrais, il faut employer les fumiers d'étable de vache et de bœuf de préférence pour enfouir, et réserver ceux de cheval pour faire les paillis. Avec ces soins on parviendra à donner au sol de la fraîcheur et de la richesse, sans lesquelles il faut désespérer de faire un jardin de quelque agrément ou d'utilité.

NUTRITION DES PLANTES.

Nous avons vu dans un chapitre précédent de quoi se composent les végétaux, nous avons dit qu'ils empruntaient au sol les substances dont ils sont formés et que ces substances appartiennent à trois matières, soit à trois *humus*, débris, détritus, comme on voudra les appeler.

1° Les détritus ou humus minéraux ;

2° Les humus végétaux ;

4° Les humus animaux ou organiques.

Nous ne reviendrons pas sur ce que nous avons dit de la signification de ces éléments, nous les rappelons ici pour ordre et pour servir à la simplification de la démonstration qui va suivre.

Indépendamment de ces trois substances, il y en a une autre qui joue un rôle considérable dans la vie des plantes comme dans celle des hommes : l'air atmosphérique.

L'air est composé, comme l'on sait, de 21 parties d'oxygène, de 79 d'azote et d'un peu de carbone.

Dans quelles proportions les plantes absorbent-elles les humus minéraux, végétaux et animaux, et l'air atmosphérique ? Comment les absorbent-elles ? Voilà ce que la science ne nous a pas appris.

Ce que nous savons, c'est que ces proportions sont variables suivant la nature des plantes, et cela nous suffit matériellement, c'est-à-dire pour nous guider dans la distribution des engrais et quelques moyens de reconstituer le sol dans des conditions telles que la végétation se continue. Nous allons examiner, dans le chapitre qui suit, ce que la science a dit, et ce que la pratique enseigne.

FORMATION DES ÉLÉMENTS DU SOL. — L'AIR ATMOS-PHÉRIQUE COMME NUTRITION DES PLANTES, RÉPA-RATION OU RECONSTITUTION DES PRINCIPES MINÉ-RAUX.

Le titre de ce chapitre nous met en présence des questions les plus importantes qu'on puisse

soulever en horticulture et en agriculture, rela
tivement aux engrais. Nous allons donc les
aborder séparément, sous leur dénomination
spéciale : 1° *Comment les éléments du sol se
forment-ils? 2° Comment l'air atmosphérique
contribue-t-il à la nutrition des plantes? 3° Les
éléments minéraux du sol sont-ils invariables
et fixes? 4° Est-il indispensable de restituer
au sol les éléments absorbés par la végétation?*

    1° *Comment les éléments minéraux du sol
se forment-ils?* Les éléments ou humus minéraux sont formés par la décomposition des
roches qui couvrent la surface du globe : cette
décomposition est due à des effets chimiques
et physiques. Tous les corps ont une action
les uns sur les autres, et c'est cette action qui
divise, qui réduit en poudre impalpable les
matières les plus dures et forme les corps ter-
reux de toute nature. Il n'entre point dans le
cadre de ce petit ouvrage de développer cette
théorie, aussi nous bornerons-nous à en dire
quelques mots. Toutes les décompositions sont
dues à une loi chimique, à celle des affinités.
Tous les corps s'attirent réciproquement : c'est
l'*attraction*. Ainsi si l'on expose un morceau
de sucre dans une atmosphère humide, il
absorbera l'eau et tombera en déliquescence.
Si l'on place dans le même endroit de la chaux
vive, elle fusera. Si l'on y met un morceau de

fer, l'oxygène de l'air y produira la *rouille*, c'est-à-dire de *l'oxyde de fer*. Toutes ces transformations ne se font pas seules, elles donnent toujours lieu à un dégagement de calorique (chaleur) qui agit constamment ; car sans cela toute combinaison nouvelle serait entravée et tout s'arrêterait à cette première opération. Il n'en est rien, le calorique s'interpose dans les molécules, les divise, les force à se disjoindre et à subir de nouvelles formations ou décompositions par le contact de l'air ou celui d'autres agents chimiques.

Or, il est facile de comprendre comment les roches ont formé et forment encore les humus minéraux. Les roches étant constamment en contact avec l'air atmosphérique, l'eau, le soleil, le froid, le calorique, les décompositions et combinaisons sont incessantes. Ajoutez à cela un agent considérable dont on a oublié de parler jusqu'à présent, *l'électricité,* et vous verrez que le travail de la nature est continu, qu'il se renouvelle sans cesse. Il y a, en outre, une action mécanique ; quand une pierre se détache d'une roche, elle se délite à son tour, se divise, roule, s'use et enfin tombe en poussière, ce qui constitue la terre.

2° Comment l'air atmosphérique contribuet-il à la nutrition des plantes ?

L'air est composé, comme on l'a vu, d'environ :

Azote . . . .   79 parties
Oxygène.   21   —
                         ____
                         100 parties.

Il contient, en outre, de l'acide carbonique en proportion plus ou moins grande suivant qu'il est plus ou moins pur.

L'air cède à la plupart des corps, avec lesquels il est en contact, quelques-uns des gaz qui le composent ; il élabore les sucs nourriciers de la végétation, en se combinant avec eux. Il dépose sur les plantes, pendant la nuit, cette rosée bienfaisante qu'il vaporise pendant le jour. Il pénètre jusqu'aux racines où il transporte les principes aqueux et facilite, à l'aide du calorique, l'ascension de la sève qu'il développe ou fortifie.

Les plantes lui empruntent de l'azote, et c'est sous son influence qu'a lieu la formation de l'acide carbonique dont le rôle est des plus importants dans la végétation.

Sans air, les plantes ne pourraient non seulement s'approprier les sucs nourriciers du sol, mais elles s'étioleraient et périraient. L'air est donc indispensable et un aliment direct des végétaux.

L'air doit donc être considéré comme un agent réel de la nutrition des plantes.

3° *Les éléments minéraux du sol sont-ils invariables ou fixes?* Si les éléments du sol étaient invariables, il en résulterait forcément que, ne se renouvelant pas naturellement, les plantes les ayant absorbés, il n'y aurait d'autre moyen de les renouveler qu'en les rapportant par les engrais. Or, cette supposition ne saurait être admise. En effet, nous avons vu que, suivant la loi des affinités, le travail de la nature est incessant, et l'expérience nous démontre d'une manière irréfutable qu'un terrain épuisé redevient fertile après un certain laps de temps, par le fait seul de la cessation de la production.

On a fait diverses expériences pour constater soit dans quelles proportions ils sont absorbés, soit comme ils agissent. On a pris des éléments tantôt séparément, tantôt alliés à d'autres, et on a tiré des conclusions. Toutes ces expériences ne sauraient avoir une grande valeur pratique ; car il s'est agi d'opérations faites en pots, c'est-à-dire isolément, à l'abri de toutes les lois d'affinités. Or, comment établir des données sérieuses dans de telles conditions qui n'existent pas dans la nature? En effet, tout le monde sait qu'une plante en pot est soustraite à divers agents, et que le concours de l'électricité devient impuissant ou nul ; que la matière même du vase peut modifier et modifie certainement l'action des agents physiques et chimiques. Nous allons démontrer ces vérités.

4° Est-il indispensable de restituer au sol '

les éléments absorbés par les plantes? Les
uns disent Oui, les autres Non! Les premiers
prétendent qu'il est de nécessité absolue de
restituer tous les éléments chimiques sous
peine de voir s'anéantir les récoltes; c'est-à-
dire de rendre de la potasse, du carbonate de
chaux, etc., si la plante a enlevé ces principes.
Pour cela faire, rien de plus simple, disent-ils :
il suffit de brûler sur le sol les fanes de pommes
de terre, les sarments de vigne et, pour compléter
l'opération d'y répandre des matières chimiques.

Cela semble à première vue très simple, ce
ne l'est pas. Comment peut-on savoir d'une
manière non pas exacte, mais même approxima-
tive, la quantité et même la nature des substances minérales absorbées par la plante? Par
l'analyse, répondra-t-on. S'il s'agissait d'un
liquide renfermé dans un flacon, d'une opération chimique faite en vase clos, oui; mais
l'analyse d'un sol ne donne pas, ne peut pas
donner des résultats de cette nature, parce qu'il
subit des décompositions continuelles. On a
cherché à tourner la difficulté, on a semé des
plantes dans des pots où l'on avait placé de la
terre pesée, dosée, titrée, etc.; et de cette façon,
plante et terre étaient isolées et on a tiré des
conclusions. Qu'est-ce que cela peut prouver?
La plante a absorbé ce qu'on lui a donné à absorber; si elle eût été libre de choisir dans le
sol, elle aurait pu vivre tout autrement.

Vous l'avez privée des agents physiques, de l'électricité; l'eau, la lumière, le calorique, etc., qui ont une si grande action sur les plantes, n'ont point exercé la même action sur elle. Il y en a eu ou trop ou pas assez. Le vase lui-même a eu une action inévitable. La terre n'a pas subi les décompositions normales; enfin, tout est factice ou fictif.

Si les éléments du sol suivaient cette loi, il faudrait admettre forcément que les plantes ne peuvent croître longtemps dans le même terrain; après quelques années, la végétation cesserait complètement si on ne lui restituait pas en entier les principes chimiques disparus. Cependant, nous voyons le contraire constamment sous nos yeux. S'il est vrai que quelques plantes, telles que les céréales, la pomme de terre, le tabac, ne peuvent croître pendant plus de deux ou trois ans à la même place, sans que les récoltes subissent un décroissement considérable, il est vrai aussi que d'autres, en bien plus grand nombre, vivent sur le même sol et donnent toujours des récoltes abondantes, sans qu'il y soit rapporté aucun engrais, et cela pendant 20, 30, 40, 50 ans et plus; tels sont les prairies naturelles, les choux (nous avons vu un terrain qui produisait du chou cabus depuis 40 ans sans avoir jamais reçu d'engrais), les haricots, la vigne, etc.

On objectera que ces plantes fournissent

des engrais par les détritus de leurs feuilles ; mais si nous mettons en parallèle le poids des récoltes avec celui des feuilles, on restera convaincu que ce moyen de restitution est d'une insignifiance complète. Ainsi, des terres produisent de 5 à 600 quintaux métriques, soit 50 à 60 mille kilos de choux à l'hectare, et laissent à peine sur le sol de 5 à 800 kilos de feuilles. Or, il faut 3 à 4 kilos de feuilles vertes pour faire un kilo de feuilles sèches. Cela représenterait donc, en moyenne, 250 kilos d'engrais à l'hectare !

Les prairies naturelles rendent à peu près autant que les choux, en poids ; elles laissent encore moins de débris sur le sol.

Les vignes sont dans le même cas. Le poids de la récolte est très élevé, comparativement à celui des feuilles.

Les haricots ne laissent presque pas de débris.

Depuis des siècles, on récolte du seigle et de l'avoine dans la Champagne Pouilleuse, sur des terres qui n'ont jamais été fumées que par les rares alouettes qui s'y trouvent, et le produit reste le même. Il n'y a pas ou presque pas de restitution.

Serait-ce avec de pareils engrais qu'on pourrait alimenter les plantes, si les éléments du sol étaient fixes et ne se renouvelaient pas naturellement ? On verra plus loin quelle est

la quantité d'engrais généralement employée
et exigée.

Que conclure ? Que, dans certains sols, certaines plantes ont besoin d'une quantité considérable d'engrais, parce que ces terres ont
moins de dispositions que d'autres à renouveler les éléments minéraux. C'est ce que l'on
n'a pas dit ; car on a assimilé tous les sols, on
les a réglés sur la même échelle. Puis, l'année
de jachère, par ses cultures, ses labours,
expose le sol aux influences de l'air, et le sol
absorbe de nouveaux principes qui aident à la
reconstitution des éléments disparus.

La nature n'est pas une, elle est complexe.
En vain la science essayera de faire des formules exactes ; elle ne sera jamais vraie en
pratique. En vain les analyses démontreront
une *complexion* du sol ici, — à deux mètres
plus loin elle ne sera plus la même, soit
aujourd'hui, soit demain ; soit sous l'influence
du calorique ou de l'humidité, de l'air ou de la
lumière plus ou moins intenses ou raréfiés.

La terre est un immense laboratoire qui tra-
vaille sans cesse, sous l'influence des agents
physiques et chimiques, qui agissent et réagissent incessamment les uns sur les autres.
Il y a un mouvement de composition et de
décomposition qui ne s'arrête jamais, parce
qu'à chaque instant les causes changent ou se
multiplient. L'air, l'eau, le calorique, l'électri-

cité, la pénètrent, la traversent toujours et dans toute sa surface, même à plusieurs mètres de profondeur. Il n'y a de temps d'arrêt dans ces continuelles formations qu'au moment où tous les minéraux sont en équilibre, ainsi que les causes qui les ont produits ; mais, au moindre changement qui se fait, la masse rentre en mouvement, nous allions dire en fermentation. Ainsi, si l'on soustrait un principe, une partie d'élément, aussitôt il y a travail de reconstitution et de réparation, parce que la cause qui l'a formé n'a pas cessé d'exister ; son action n'était que paralysée par l'équilibre du tout.

À un sol qui contient 30 0/0 de carbonate de chaux, supposez qu'une plante lui enlève 1 0/0 : l'équilibre est rompu et il tente de se rétablir aussitôt. L'œuvre de décomposition recommence ; la pierre calcaire, qui était là en bloc, est attaquée de nouveau ; les parties les plus ténues, qui n'étaient pas solubles ou assimilables, le deviennent et prennent la place de celles qui ont été absorbées ; le mouvement général recommence et l'équilibre se rétablit.

La constitution du sol est donc à peu près invariable, à moins qu'on n'y introduise des éléments nouveaux susceptibles d'influencer le travail de la décomposition. Elle est inattaquable par les plantes ; car elle se reconstitue d'elle-même, rapidement, attendu que la cause est toujours présente. Les engrais peuvent augmenter l'œuvre de réparation, l'aider, l'activer, la modifier, mais non la détruire. Il est impossible de faire qu'un sol siliceux ne reste pas siliceux, comme il est impossible de supprimer la chaux dans une terre calcaire.

La répartition des engrais n'a donc et ne peut avoir d'autre effet que d'aider la nature dans son travail de décomposition, de reformation et de restitution.

DE LA QUANTITÉ D'ENGRAIS A EMPLOYER.

La quantité d'engrais à employer en horticulture, comme en agriculture, est très variable ; elle dépend de la nature, de la qualité du sol, de la *voracité* de la plante, ainsi que de la richesse de l'engrais.

En agriculture, il faut, en moyenne, 10,000 kilogrammes de fumier de ferme par hectare ; cette quantité est bien au-dessous de celle exigée en horticulture. Dans un jardin potager, il faut 300 kilos à l'are, soit 30,000 kilos par hectare et par an, et cela indépendamment des paillis, destinés, soit à maintenir l'humidité dans le sol, soit à empêcher le durcissement de sa superficie, à le tenir meuble dans toutes ses parties, et à empêcher le déplacement de la terre.

On n'a pas toujours à sa disposition des engrais de ferme en quantité suffisante; aussi, pour faire des paillis, a-t-on recours à ceux qu'on peut se procurer. Nous donnerons plus loin le moyen de les suppléer.

Le mètre cube de fumier pourri peut peser en moyenne 450 kilos; il faut donc 65 mètres cubes pour fumer un hectare, ou le double si l'on ne fume que tous les deux ans.

Voici, d'après nos calculs, ce que pèsent approximativement les engrais de ferme.

Le fumier de vache, le mètre cube, 600 kilos.
  —   cheval,   —   500 —
  —   couches,   —   400 —
  —   couches de champi-
         gnons   —   350

Le poids varie nécessairement selon le degré d'humidité et l'état de décomposition. On doit donc tenir compte de ces causes, qui influent énormément sur le poids; car il est évident qu'un mètre cube de litière ne peut ni peser le poids ci-dessus, ni en représenter la valeur comme engrais.

SOINS A DONNER AUX ENGRAIS

Il est incontestable que presque partout on ne donne aucun soin aux engrais et qu'on

en perd une quantité considérable par ce fait.
On se borne à entasser, dans un coin ou au
milieu d'une cour, les fumiers au sortir des
écuries et à les exposer à l'ardeur du soleil,
aux intempéries, aux eaux pluviales qui en
entraînent toutes les parties solubles, quand
avec quelques soins on pourrait éviter ces
pertes. Il suffirait pour cela de battre sur le
sol destiné à les recevoir une couche de glaise
de 10 ou 15 centimètres d'épaisseur, de relever
les côtés pour placer le tas de fumier dans un
fond et de laisser à l'un des côtés une issue
pour l'écoulement des eaux pluviales ou des
liquides qu'on recevrait dans une fosse et
qu'on rejetterait ultérieurement sur le tas. Il
n'y aurait ainsi rien de perdu.

Dans la grande culture, où l'on dispose
d'une forte quantité d'engrais liquides, on est
forcément obligé de les utiliser en nature, ou
de les rejeter sur les tas de fumier. En horticulture, on peut également reverser ces
liquides sur le fumier qu'on veut faire décomposer rapidement ; ces arrosements sont
même très utiles ; mais on peut aussi et souvent les jeter dans les tonneaux d'arrosage,
en certaines circonstances, quand il s'agit de
mouiller des plantes dont la germination ne
fait que commencer. Plus tard, il serait
imprudent de le faire, notamment pour les
plantes potagères qu'ils saliraient et pour-

raient faire tacher, rouiller ou périr, s'ils n'étaient pas suffisamment étendus d'eau.

Leur emploi est surtout utile dans la fabrication du paillis et pour activer la décomposition des matières végétales et des plantes provenant des engrais artificiels, comme on le verra.

Quoi qu'il en soit, il est très important de ne pas laisser perdre ces liquides précieux qu'on n'apprécie pas assez. Ils sont d'une grande ressource.

FABRICATION DES ENGRAIS ARTIFICIELS.

Nous appelons engrais artificiels ceux qui ne sont pas le produit direct des écuries, mais le résultat de divers mélanges animaux, végétaux, etc.

Cette fabrication peut avoir lieu de deux manières : en petit et en grand, c'est-à-dire pour des besoins restreints et pour la grande culture.

Comme nous nous occupons surtout ici de l'horticulture, nous ne décrirons que le mode de fabrication nécessaire à produire des quantités restreintes d'engrais, soit pour un ou deux hectares au plus.

Nous avons surtout en vue, comme nous l'avons dit déjà, de donner les moyens à ceux qui n'ont pas d'engrais animaux à leur disposition ou qui n'en ont qu'une faible quantité, d'entretenir leur jardin dans un bon état de fertilité et d'en retirer toutes les ressources et toutes les jouissances qu'on peut en espérer. Nous devons donc nous borner à prescrire des moyens simples, économiques, peu coûteux et d'une facile exécution.

EMPLACEMENT ET DISPOSITION PROPRES A LA FABRICATION DES ENGRAIS.

Ayez, dans un coin de votre jardin ou par tout ailleurs, un espace libre où vous ouvrirez un trou de deux mètres de long sur deux mètres de large et un mètre de profondeur. Faites-en murer et cimenter les parois et le fond de manière que l'eau y séjourne.

A proximité, faites également disposer un endroit de deux mètres carrés, soit pavé et dont les côtés seront bordés de terre imperméable, argile ou glaise, soit simplement fait en argile en forme d'aire creuse, afin de pouvoir recevoir les engrais au sortir de la fosse pour y subir les opérations dont nous allons parler.

Une paire d'arrosoirs, une fourche en fer à trois dents et une pelle compléteront tout le matériel.

Il est entendu, toutefois, que vous aurez à

votre disposition au moins un baquet et de l'eau à discrétion. Le baquet se composera d'une moitié de futaille, sciée en deux, et l'eau proviendra soit d'un puits, soit d'une mare, ce qui est préférable. Ce sont là les choses dont on dispose à peu près partout, même où il n'y a ni ruisseau, ni source, ni rivière.

Si vous avez besoin de 8 mètres cubes de fumier ou d'engrais par an, il suffira de remplir deux fois votre fosse. S'il vous en faut 16 mètres, il faudra la renouveler quatre fois et ainsi de suite ; jusqu'à une fois par mois pour obtenir 48 ou 50 mètres dans l'année, ou deux fois pour le double.

Cela entendu, nous distinguons la fabrication en deux séries : celle d'hiver et celle d'été.

FABRICATION DES ENGRAIS D'HIVER.

La fabrication des engrais d'hiver comprend les mois d'octobre, novembre, décembre, janvier, février et mars, époque pendant laquelle les débris frais de végétaux manquent en grande partie.

Procédez comme il suit ; emplissez la fosse avec :

Paille ou autres débris végétaux que
vous mouillerez abondamment . . . . .   50 centim.
    Balayures, cendres de houille, de
tourbe, de bois, noir des raffineries, etc.   10   »
    Gazons, mousses, marcs de raisin ou
de pommes.   20   »
    Boues des rues, crottins, etc. . .   .   10   »
    Feuilles, dépôts des eaux pluviales,
vases, curures des fossés, d'égouts,
etc., etc.   10   »

Total. . . . . .   1 mètre.

Recommencez les couches et vous aurez
2 mètres de hauteur, soit 1 mètre au-dessus
du sol environ.

Recueillez avec soin les urines les matières
fécales, les eaux de vaisselle, les lessives et
les eaux de savon et jetez le tout sur votre
engrais.

Ajoutez une solution de 5 ou 6 kilos de
sulfate d'ammoniaque et, après un mois plus
ou moins, suivant vos besoins, sortez votre
engrais de la fosse, maniez-le et mettez-le en
tas sur l'emplacement pavé ou battu à l'argile
dont nous avons parlé; un mois après,
quinze jours si vous êtes pressé, quand il
s'est échauffé, remaniez-le et remettez-le en
tas, afin qu'il subisse une nouvelle fermentation.

Plus vous le remanierez, plus il se décom-
posera vite; plus les parties se mélangeront
et deviendront homogènes.

S'il manquait d'humidité, arrosez-le, cela excitera encore sa décomposition.

S'il y a des végétaux ligneux qui aient résisté à l'action décomposante, il faudra les mettre à part et les rejeter dans la fosse où ils la subiront de nouveau.

Il ne faut pas perdre de vue que l'humidité est indispensable et que l'eau ne doit jamais manquer; autrement les matières resteraient dans l'état où elles ont été mises.

Le tas doit toujours avoir une forme carrée et aussi perpendiculaire que possible, afin qu'on puisse l'arroser par le haut. Les côtés devront être battus à la pelle ou à la bêche; puis, pour entretenir la fraîcheur, on jette en haut tous les menus qui se détachent en faisant cette opération, et, au besoin, une couche de cinq ou six centimètres de terre.

Remarque. — Le sulfate d'ammoniaque qui est ajouté dans cette formule est destiné à remplacer l'urine et les excréments des animaux qui font défaut. On peut en porter la dose au double sans inconvénient. On peut aussi ajouter quelques kilogrammes de chaux vive, si on désire faire décomposer plus vite l'engrais.

ENGRAIS D'ÉTÉ.

L'engrais fabriqué pendant l'été diffère de celui d'hiver, en ce qu'on peut se procurer facilement des végétaux verts, soit qu'ils proviennent des nettoyages et des esherbages, soit qu'on les ramasse le long des chemins, soit qu'on les récolte sur des terres où ils ont été semés exprès pour cet usage. Le mode de fabrication diffère, tant en raison de ce qu'ils sont facilement et rapidement décomposés, qu'en ce qu'ils sont privés de cendres, à moins qu'on puisse en obtenir en dehors, puisqu'on ne fait pour ainsi dire plus de feu en cette saison.

Prenez :

Paille mouillée et piétinée, une couche de	35 centim.
Balayures de rue.	10 —
Herbages divers	15 —
Gazons, joncs bruyères, débris de cuisine.	10 —
pour former une épaisseur de . . .	70 centim.

Recommencez trois fois l'opération pour arriver à remplir la fosse et à dépasser le sol d'un mètre environ (2 m. 10 c.)

Cela fait, jetez sur le tas, comme pour l'engrais d'hiver, les urines, matières fécales, etc., puis, faites dissoudre dans de l'eau :

3 kilos de potasse pour remplacer les cendres manquantes,

Et 6 à 8 kilos de sulfate d'ammoniaque également dans une quantité d'eau suffisante, et arrosez le tas avec ces liquides. (Il serait préférable d'avoir cette dissolution toute prête à l'avance et de l'employer en trois fois, à chaque couche de 70 cent.)

Un mois ou six semaines après, suivant vos besoins, sortez l'engrais de la fosse et traitez-le comme il est dit pour l'engrais d'hiver.

Pour se procurer des matières vertes on peut semer, dans quelques mauvaises terres, de la chicorée sauvage, ou toute autre plante qui produit beaucoup et qu'on coupe aussitôt qu'elle a atteint un certain développement.

Si l'on peut se procurer du fumier d'étable, on en ajoute une couche ou deux de 20 à 25 centimètres.

Comme on le voit, avec un peu de soins, on ne manquera jamais de matières pour avoir l'engrais nécessaire à fumer amplement son jardin.

ENGRAIS APPROPRIÉS A LA NATURE DES SOLS.

Nous avons, dans un précédent chapitre, parlé de l'utilité de corriger, modifier ou compléter les sols dont la constitution est vicieuse. Indépendamment des moyens que nous avons indiqués, il y a ceux que présentent les engrais; il est donc utile de les signaler, parce qu'ils sont constants quoique moins actifs, moins *héroïques* qu'un traitement radical; d'ailleurs, ils sont plus faciles et moins coûteux.

Nous allons donc indiquer ce qu'on devra faire pour que chaque engrais soit spécial à la constitution du sol à fumer. Il s'agit simplement de quelques additions à faire à l'engrais d'hiver et à celui de l'été, indistinctement. Ces additions qui sont, pour ainsi dire, insignifiantes au point de vue de la dépense, suffiront, à la longue, par triompher de la nature du sol par la constance du traitement. Avec de la patience et du temps, on vient à bout de bien des choses; il ne faut donc pas rejeter les moyens que nous allons proposer, sous prétexte qu'ils seraient trop lents. Qu'on ne s'y trompe pas : leur effet se fera sentir en quelques années seulement.

Nous avons dit plus haut que les sols pouvaient se classer comme il suit :

Argileux,
Siliceux ou sablonneux,
Humides ou marécageux,
Tourbeux,
Acides,
Croûteux,
Secs et arides.

Nous allons donc signaler les engrais spéciaux qui conviennent à chacun d'eux.

ENGRAIS POUR LES SOLS ARGILEUX.

Ajoutez aux engrais d'hiver et d'été du crottin de route macadamisée ou pavée que vous incorporerez à l'engrais en le sortant de la fosse, pour éviter de le remanier deux fois : deux brouettées par mètre cube suffiront.

Si le sol manque de chaux, ajoutez dans la fosse quelques pierres de chaux vive ou des débris de four à chaux, à plâtre, de la poussière de charbon. Cette addition augmentera l'action décomposante.

SOLS SILICEUX OU SABLONNEUX.

Aux engrais, ajoutez deux ou trois brouettées d'argile ou de glaise que vous délayerez avec l'eau destinée à mouiller la paille et les autres matières. Cette addition devra se faire dans la fosse pour que le mélange soit plus homogène; elle rendra l'engrais plus onctueux.

Ajoutez de la chaux vive, comme il vient d'être dit, si le calcaire fait défaut, ou de la marne argilo-calcaire si vous en avez à votre disposition.

ENGRAIS POUR LES SOLS HUMIDES.

Quelle que soit la nature des engrais, ils sont impuissants à modifier les sols humides. Il faut absolument recourir aux moyens mécaniques, c'est-à-dire à l'assainissement, comme nous l'avons dit au chapitre *Amendements*.

ENGRAIS POUR LES SOLS TOURBEUX.

Ajoutez aux engrais, et par fosse pleine de la contenance de 4 à 6 mètres cubes, environ :

Chaux vive	25 litres.
Cendres de bois, de charbon de terre, de tourbe, de four à chaux ou autres	25 »
Marne calcaire, si vous en avez.	50 »
Guano du Pérou.	10 kilos.
Sulfate d'ammoniaque . . .	4 »

ENGRAIS POUR LES ACIDES OU BOIS RÉCEMMENT MIS EN CULTURE.

Ajoutez par fosse 4 à 6 mètres cubes d'engrais :

Chaux vive	1 hectolitre.
Cendres diverses. . . .	50 litres.
Noir animal	25 kilos.
Guano du Pérou	10 »
Nitrate de potasse . . .	6 »

Si le sol est compacte, ajoutez du sable calcaire en telle quantité que vous voudrez et du crottin ramassé sur le pavé des routes.

ENGRAIS POUR LES SOLS QUI SE DURCISSENT ET DEVIENNENT CROUTEUX.

Les sols qui forment croûte à la superficie sont toujours légers, soit qu'ils appartiennent au calcaire, soit qu'ils soient de nature siliceuse. Après les pluies ou sous l'influence des arrosages ils se *battent*, suivant l'expression des jardiniers, et prennent comme du plâtre gâché.

A ces sortes de terrains il faut toujours un paillis, comme nous l'avons dit ; mais on peut combattre et détruire la cause en employant des engrais en grande quantité et en les appropriant à l'usage. Voici donc ce que nous recommandons.

Aux engrais normaux, précités, ajoutez par mètre cube au sortir de la fosse :

1° Poussière de charbon de bois ou frasis, une brouettée (40 centimètres cubes) ;

2° Tourbe ou marne calcaire, la même quantité ;

3° Terre pourrie ou vase des mares ou étangs, etc., deux brouettées (80 centim.) ;

4° Crottins de routes pavées, ou bouse de vache, deux brouettées ;

5° Sel marin, 1 kilo.

ENGRAIS DES SOLS SECS ET ARIDES

Les sols secs et arides sont, malheureusement, ceux qui dominent dans une grande partie de notre pays.

La sécheresse ne peut se combattre que par deux choses : l'eau et l'argile qui, en la retenant, en empêche l'évaporation. L'aridité est combattue et détruite par les engrais, surtout par les engrais d'été. Ces sortes de sols doivent recevoir les mêmes engrais que ceux destinés aux terres siliceuses ou sablonneuses, avec une forte addition de sel marin, soit un kilo ou deux kilos par mètre cube.

MATIÈRES QUI PEUVENT SERVIR D'ENGRAIS, SOIT DIRECTEMENT, SOIT APRÈS AVOIR SUBI UNE PRÉPARATION SPÉCIALE.

Indépendamment des matières dont nous avons parlé, il y en a plusieurs qui peuvent servir d'engrais, soit seuls, soit en mélange et après avoir subi quelque préparation avant de les incorporer aux engrais déjà cités ; nous allons les passer en revue, afin que l'on puisse y recourir et les utiliser au besoin, dans le cas où on les aurait à sa disposition ; c'est une ressource très précieuse pour ceux qui se trouvent à même d'en profiter.

Ces matières sont :

Les roseaux et laîches,

La bruyère,
La fougère,
La tourbe,
Le tan,
La terre pourrie,
La vase des marais et des mares ;
Le varech,
La poussière de charbon de bois ou frasis,
La suie,
La poussière de drèche des brasseurs (germes d'orge),
Le plâtre.

Les roseaux et laiches croissent en abondance dans les lieux humides, au bord des étangs et des rivières ; ils peuvent être d'un grand secours dans la fabrication des engrais. Jetés dans la fosse, ils s'y décomposent rapidement.

La bruyère croît dans les sols légers ; elle est très lente à se décomposer ; aussi faut-il la faire découper ou hacher en quelque sorte, avant de la jeter dans la fosse à engrais. Puis, en la sortant, on retire tout ce qui est ligneux et on l'y rejette jusqu'à ce que la décomposition soit complète.

La fougère vient dans les lieux ombragés, dans les clairières des bois. Elle se trouve en assez grande quantité pour être utilisée dans la fabrication des engrais artificiels. Elle se décompose assez facilement : elle donne un engrais supérieur à celui produit par la paille.

La tourbe, quand on n'en trouve pas l'emploi pour le chauffage, peut être utilisée dans la fabrication des engrais. C'est surtout sur les terres argileuses qu'elle a de l'action en les divisant. Pour l'employer on la fait sécher, on la brise, et quand elle est réduite en poudre, on y ajoute de la chaux (20 0/0 environ), et on la mélange à l'engrais au sortir de la fosse.

Le tan peut aussi servir dans la fabrication des engrais, soit en le mélangeant avec des matières fécales, de la chaux et du sulfate de fer, pour en faire de la poudrette ; soit en l'entassant avec de la chaux (20 0/0), jusqu'à ce qu'il y ait un commencement de décomposition, après quoi on le jette dans la fosse. C'est surtout sur les terres argileuses qu'il faut l'employer. Il est peu substantiel.

La terre pourrie est l'humus végétal, les débris de toute nature qui se sont formés sous les eaux ou qui ont été couverts par elles pendant longtemps. On la rencontre dans les marais desséchés. Sa puissance fertilisante est faible ; mais elle peut être très utile dans les terres argileuses. On la mélange avec des cendres et de la chaux six mois ou un an avant de la mêler aux engrais, au sortir de la fosse.

La vase des marais, mares et étangs a quelque analogie avec la terre pourrie, mais est plus riche. On doit l'exposer pendant six mois à l'action de l'air avant de la mêler aux engrais, en ayant soin de la remuer souvent, pour en mettre les molécules en contact avec l'air.

Le varech se compose de plantes marines que les flots jettent sur les rivages ; il se décompose facilement. On devra l'employer au sortir de la fosse si les engrais ne sont pas destinés à être utilisés avant trois ou quatre mois. Dans le cas, au contraire, où ils seraient enfouis avant cette époque, on les y mettra.

La poussière de charbon de bois, connue sous le nom de frasis, qu'on trouve sur les places où l'on a fait le charbon, est très utile pour diviser les terres argileuses. On la jette dans la fosse par couche de 10 centimètres. Elle peut aussi être utilisée pour praliner ou dessécher les matières fécales.

La suie a beaucoup d'activité comme engrais ou amendement. Elle est surtout utile pour ranimer la vigueur des arbres qui dépérissent. A cet effet, on l'enfouit entre deux terres à la profondeur de 8 ou 10 centimètres. On peut aussi la mélanger à l'engrais au sortir de la fosse. Malheureusement, cette matière est très rare. Délayée dans l'eau et versée sur les plantes naissantes (sur les crucifères), elle

détruit la puce de terre et éloigne les chenilles
du chou. On peut aussi la répandre sur les
plantes, le matin à la rosée ou le soir après
un bon arrosage ou un bassinage qui mouille
suffisamment les feuilles, pour qu'elle y adhère
le plus possible, et que la fraîcheur de la nuit
la délaye en partie (elle contient environ 20 0/0
de matière soluble dans l'eau).

La poussière de drèche des brasseurs n'est
autre chose que les radicules des grains de
l'orge germé, germes qui se détachent quand
le grain a subi la dessiccation. Ces germes
constituent un engrais réel d'une assez grande
valeur et que nous avons pu apprécier dans
nos cultures. Ils se répandent, au printemps,
sur les plantes comme les tourteaux. Ils contiennent une partie saccharine qui produit les
meilleurs résultats. En horticulture, où les
engrais à distribuer sur les plantes vertes sont
peu en usage, il faut mélanger les germes
d'orge aux engrais artificiels, au sortir de la
fosse.

Le plâtre et les vieux plâtras provenant des
démolitions peuvent être utilement employés
sur les terres calcaires qui ne contiennent pas
de plâtre ou gypse. Mais, avant tout, il faut
avoir le soin de les pulvériser très fin et d'en
extraire, au moyen d'une claie, toutes les
parties les moins ténues. Les vieux plâtras
contiennent du nitrate de potasse (salpêtre),

qui a une action marquée sur la végétation
dans certaines circonstances. On pourra toujours, sans inconvénient, en ajouter une
couche de 10 centimètres par mètre dans la
fosse à engrais. Plus les plâtras seront en contact avec les autres matières, plus leur effet
sera grand. Plus ils sont vieux, plus ils ont
de qualité.

ENGRAIS DU COMMERCE.

Le commerce vend et livre toutes sortes
d'engrais ; mais nous ne comprenons sous
cette domination que ceux dont la pratique a,
à peu près, justifié l'emploi, tels que :

Les tourteaux de graines oléagineuses,
Le guano,
La poudrette,
Les chiffons de laine,
Les débris de cuir,
Le noir animal,
Les os pulvérisés,
Le phosphate de chaux fossile,
Les débris de poisson.

Tous ces engrais doivent être semés sur le
sol au printemps et enfouis presque immédiatement ; ils ne peuvent être ajoutés aux engrais artificiels dans la fosse, à l'exception
des chiffons de laine, débris de cuir, noir
animal, os pulvérisés et phosphate de chaux.

Tous les autres perdraient à subir la fermentation et à être mis en contact avec les matières qui sont indiquées comme devant faire partie des engrais artificiels.

En général, ces engrais sont plutôt employés dans la grande culture que dans le jardinage ; mais comme l'horticulture peut en tirer un parti avantageux, nous allons indiquer le moyen de le faire.

Nous avons essayé de tous ces engrais, et nous croyons utile de dire quels sont les résultats que nous avons obtenus.

Les tourteaux offrent une grande ressource ; à prix égal ils rendent autant que le fumier d'étable ou à peu près.

Le guano ne vaut pas ce qu'il coûte ; c'est l'un des engrais les plus onéreux quand il n'est pas entièrement pur, ce qui arrive fréquemment.

La poudrette est comme les tourteaux un engrais très riche et dont l'emploi est profitable et économique en horticulture.

Les chiffons de laine sont à peu près de nulle valeur en horticulture.

Les débris de cuir doivent être proscrits entièrement ; ils entravent les labours et ne donnent que de faibles résultats.

Le noir animal n'a aucun effet dans les terres calcaires, franches et légères ; il joue tout au plus un rôle mécanique comme matière divisante dans les sols argileux. Nous croyons même qu'il peut être plus souvent nuisible qu'utile.

Les os pulvérisés constituent un engrais très peu énergique. Il n'est pas à recommander en horticulture.

Le phosphate de chaux fossile peut être adjoint dans les fosses quand il s'agit de fabriquer des engrais pour les sols non calcaires ; hors de là il est sans valeur.

Les débris de poissons sont évidemment un puissant engrais ; mais… ils coûtent plus qu'ils ne valent. On peut se procurer, à l'aide des engrais artificiels, une ressource plus économique.

En définitive, nous donnons ici le résultat de quarante ans d'études et de pratique ; nous pouvons nous tromper ; les effets obtenus par d'autres peuvent être contraires, car les sols sont, comme l'on sait, diversement constitués. Toujours est-il que nous ne pouvons constater que ce que nous avons obtenu, et ceci est le dernier mot de nos expériences.

Il est évident que tout propriétaire d'un jardin, que tout spéculateur trouvera un immense bénéfice à produire lui-même les engrais dont il a besoin pour ses cultures. Avec un peu de soins et d'intelligence, il saura toujours avoir des matières premières pour subvenir à ses besoins, quelles que soient, du reste, les res-

sources pécuniaires dont il dispose ; car les
frais premiers d'établissement sont presque
nuls. et les produits considérables.

VALEUR DES ENGRAIS CHIMIQUES.
ESSAIS DE CES ENGRAIS.

Nous avons classé, plus haut, les soi-disant
engrais chimiques pour marquer la place
qu'on veut leur faire occuper. Ici nous en trai-
tons à un autre point de vue plus étendu et
plus pratique, sauf à nous répéter.

Les engrais chimiques sont d'invention
récente. Ils ont leurs admirateurs et leurs
détracteurs : ils ont aussi leurs charlatans !...
Comme tant d'autres nous avons voulu en
essayer, et on verra plus loin le résultat de
nos expériences. Ici, nous allons les énumérer,
les passer en revue, plus amplement que nous
ne l'avons fait.

La chimie, depuis quelque temps, a pris
une large part en agriculture, en médecine, etc.
Malheureusement, les résultats n'ont pas
toujours été satisfaisants à tous les points de
vue. Il y a quelque chose là ; mais ce quelque
chose a besoin de la sanction d'une longue
pratique. La science est beaucoup, en théorie ;
elle nous donne le secret de bien des combinaisons ; elle nous explique des faits que nous
ne pouvions de prime abord nous expliquer ;

mais cela ne suffit pas. Il y a au-dessus de cette science les agissements de la nature qui sont au-dessus de nos connaissances. Force est donc de se soumettre aux faits matériels et pratiques qui sont irrécusables et contre lesquels tout raisonnement vient se briser.

La *découverte* des engrais chimiques a appelé l'attention de quelques hommes de science d'une part et d'un assez grand nombre de spéculateurs qui se sont empressés de saisir l'occasion d'exploiter une idée à leur profit.

Parmi les hommes de science qui se sont spécialement occupés de ces engrais, nous avons cité M. George Ville, directeur des expériences faites à Vincennes.

Ses travaux l'ont conduit à cette conclusion : qu'il faut restituer au sol les principes ou éléments absorbés par les plantes ; que ces éléments sont représentés, comme on l'a vu, par :

> Le phosphate acide de chaux,
> Le sulfate d'ammoniaque,
> Le nitrate de potasse,
> Le sulfate de chaux.

Ce sont donc ces substances qu'il a recommandées et que les industriels se sont mis à exploiter, sous toutes les formes.

M. George Ville donne à ces quatre éléments le nom d'engrais complet, ce qui signi-

fie qu'ils peuvent satisfaire à tous les besoins
de la culture.

Il restait à déterminer les quantités respectives de ces divers agents chimiques, et, d'après
ses calculs, il est parvenu à arrêter les suivantes qui constituent, d'après lui, cet engrais
complet, équivalant à 40,000 kilos de fumier
de ferme, quantité employée pour fumer un
hectare :

Phosphate acide de chaux. .	400 kilos.
Nitrate de potasse	200 »
Sulfate d'ammoniaque . . .	250 »
Sulfate de chaux.	350 »
Soit.	1,200 kilos.

Il a poursuivi ses recherches et il a trouvé
que l'engrais complet ci-dessus devait spécialement être appliqué au blé. Pour la pomme
de terre, il lui a préféré le suivant :

Phosphate acide de chaux. .	400 kilos.
Nitrate de potasse	300 »
Sulfate de chaux.	300 »
Soit.	1,000 kilos.

Pour la betterave, la composition de l'engrais se rapproche beaucoup de celui destiné
au blé.

Pour expliquer les quantités ci-dessus, il
base son raisonnement sur le poids du fumier
employé à fumer un hectare de terre ; soit,
comme nous l'avons dit, 40,000 kilos, contenant :

Azote . . . . 163 kilos.
Acide phosphorique. . . . . . 75 »
Potasse . . . . 150 »
Chaux. . . . . 321 »

Ce qui serait équivalent à 2,310 kilos de produits chimiques, composés comme il suit :

Phosphate acide de chaux. . 600 kilos.
Nitrate de potasse.. . . . . . 320 »
Sulfate d'ammoniaque . . . 560 »
Sulfate de chaux. . . . . . . 830 »

Total égal . . . . 2,310 kilos.

Nous n'irons pas plus loin dans cet examen. La parole est à la pratique ; aussi allons-nous rapporter les faits qui se sont produits dans nos cultures. Que chacun fasse comme nous, et la solution du problème ne se fera pas attendre longtemps.

Tout d'abord, nous nous demandons pourquoi le sulfate de chaux est exclusivement recommandé ; quand il est tellement abondant dans certains sols des environs de Paris, qu'il y est nuisible aux plantes, à certaines du moins. Le carbonate de chaux ne serait-il pas préférable dans ces sols ?

Nous comprenons parfaitement que le soufre faisant défaut dans le carbonate de chaux l'action ne soit pas la même ; mais n'aurait-il pas été utile d'en diminuer la quantité ? Ceci est une simple observation que nous faisons, afin de nous éclairer ; mais, allons plus loin et citons nos propres expériences.

Depuis quelques années, nous avons voulu nous rendre compte de la valeur des engrais chimiques. Nous avions pris des notes en 1869; mais l'invasion prussienne étant survenue et une partie de nos papiers étant restés à la disposition de nos ennemis, ils ont été brûlés ou lacérés. Nous n'avons donc sous les yeux que les notes prises en 1870 et 1871.

Nous avons opéré sur plusieurs carrés d'un jardin contigu à notre maison d'habitation, et voici comment les expériences ont été faites. Notez que les quantités d'engrais ou de produits chimiques employées sont exactement celles recommandées par M. George Ville.

Carré n° 1.

Ce carré est composé de 20 planches d'un mètre de large et 12 mètres de long. Il était planté en fraisiers. On a tracé au cordeau 4 lignes de 50 centimètres de large à la distance de 2 mètres environ l'une de l'autre et on a semé savoir :

1° Sur la 1re du sulfate d'ammoniaque,
2°   »   2e du nitrate de potasse,
3°   »   3e du phosphate acide de chaux,
4°   »   du sulfate de chaux.

Résultat négatif sur 12 variétés, 8 au contraire ont souffert.

Carré n° 2.

Ce carré, composé de 19 planches de même

contenance, a subi le même traitement. L'engrais a été semé sur le sol avant la plantation et de la même manière, c'est-à-dire sur 4 lignes de 50 centimètres.

Résultat négatif sur les chicorées, scaroles, laitues, poireaux, betterave rouge à salade, choux, glaïeuls, épinards, pois et haricots.

Ont souffert : oignons, ail, échalote, tétragone.

Carré N° 3.

Ce carré, composé de 14 planches, a reçu de l'engrais complet, toujours sur 4 lignes de 50 centimètres, comme ci-dessus.

Ont souffert : oignons, poireaux, ciboule, glaïeuls, ail, échalote.

Ont donné une végétation plus vigoureuse : épinards, choux, choux de Bruxelles.

Des semis de choux ont particulièrement présenté une végétation vigoureuse, notamment ceux sur lesquels une légère addition de poudrette avait été faite. Il en a été de même d'une partie d'oseille traitée de la même manière.

Carré N° 4.

Emploi de l'engrais complet, sur les plantes en végétation :

Résultat négatif sur le céleri, les navets,

les oignons, la betterave, les fraisiers et les pommes de terre.

Ont souffert : les glaïeuls, les laitues, les chicorées.

Ont prospéré : les semis de choux, d'une manière très sensible, excepté le chou-fleur, l'oseille qui avait reçu un peu de terreau de couche.

Il résulte de ces essais :

1° Que les plantes sur lesquelles les engrais chimiques n'ont eu aucune action sont les suivantes :

Fraisiers, 12 variétés sur 20 ; les chicorées, scaroles, laitues, poireaux, betteraves, choux, glaïeuls, épinards, pois, haricots. Semis d'asperges, oseille, céleri, navets, les pommes de terre et les carottes.

2° Que les plantes qui ont souffert de leur emploi sont :

Les oignons, ail, échalote, tétragone, ciboule, glaïeuls.

3° Que celles qui ont prospéré sous leur influence sont :

Les épinards, les choux, les choux de Bruxelles, les semis de choux, l'oseille, qui avaient reçu soit une légère fumure, soit un paillis.

Les pommes de terre et les carottes qui se sont trouvées dans un sol précédemment abondamment engraissé ont présenté aussi une végétation un peu plus vigoureuse et un produit peut-être supérieur.

4° Que les engrais chimiques employés isolément sont plus nuisibles qu'utiles.

5° Que la prétention de remplacer le fumier de ferme par des engrais purement chimiques est entièrement chimérique, et en désaccord avec la pratique.

6° Que rien ne se forme de rien, et qu'une matière solide, quelle qu'en soit la nature, ne formera jamais une autre matière dix fois, vingt fois, trente fois supérieure.

Indépendamment de ces essais, nous allons en signaler un autre qui remonte à 1868. A l'entrée de l'hiver, nous avions une forte quantité de chicorée et de scarole qui n'étaient pas rentrées. La température descendait subitement et nous manquions de paillassons pour les couvrir et de temps pour les lever. Nous fîmes étendre une forte couche de paille sur les planches, qui restèrent en cet état. On cueillit la salade au fur et à mesure des besoins.

Au printemps, nous fîmes relever cette paille, qui était déjà en décomposition. On en fit deux tas, dont l'un fut arrosé avec une forte solution de sulfate d'ammoniaque. Au mois d'avril on s'en servit pour pailler des fraisiers de la variété connue sous le nom de Buisson rouge d'Argenteuil. Le résultat fut immense. Jamais nous n'avons eu de fraisiers aussi vigoureux, aussi productifs.

L'autre partie de paillis ne présenta aucun résultat appréciable.

Nous concluons donc de tout ce qui précède, que les engrais chimiques doivent être considérés plutôt comme des auxiliaires des engrais végétaux et animaux que comme des engrais complets si nous devons nous en rapporter à ces premiers essais. Nous désirons que l'avenir nous démontre le contraire ; mais aujourd'hui, nous nous en tenons à cette opinion.

Pour en tirer parti, on devra toujours les jeter dans la fosse, avec les autres matières, en les alternant par couches très légères. On en déterminera insensiblement la quantité, en commençant par 8 ou 10 kilos par mètre cube.

DE LA VALEUR RELATIVE DES ENGRAIS.

D'après ce que nous venons de dire, nous sommes naturellement amenés à traiter la question de la valeur relative des engrais.

On a arrêté le tableau des équivalents des engrais, basé sur la quantité d'azote. MM. Payen et Boussingault, dans leurs analyses, en ont fixé le titre exact. C'est ce tableau que nous allons donner en partie.

La première colonne indique le nom de la matière ; la seconde, la quantité d'azote qu'elle contient dans 1,000 parties ; la troisième, le nombre de kilos à employer pour la fumure d'un hectare, c'est-à-dire représentant 10,000 kilos de fumier d'étable, contenant 4 pour 1,000 d'azote.

Ainsi donc, une substance contenant 8 pour 1,000 remplacerait le double de fumier, soit 10,000 kilos, quoique ne pesant que 5,000 kilos. 2,500 kilos suffiraient si l'azote était double, et ainsi de suite.

Ces tables peuvent être poussées à l'infini ; mais nous avons cru devoir ne nous occuper que des matières les plus communes, ou le plus à la portée des personnes qui habitent les campagnes.

TABLEAU DES ÉQUIVALENTS DES ENGRAIS.

SUBSTANCES	AZOTE pour 1,000 parties.	ÉQUIVALENTS
Fumier de ferme	4,0	10,000
Paille de pois.	17,9	2,223
— millet	7,8	5,128
— sarrasin.	4,8	8.333
— lentilles	10,1	3,950
— froment	4,9	8,460
— avoine.	2,8	14,285
— orge.	2,3	17,390
— seigle.	1,7	23,529
Faues, ou feuilles de betteraves.	5,0	8,000
— de pommes de terre . .	5,5	7,610
— de carottes	8,5	4,700

Herbes des prairies (graminées)	5,3	7,547
Genêts, tiges et feuilles	12,2	3,278
Feuilles d'arbres d'automne . . .	5,3	7,431
— de chêne — . . .	11,7	2,777
Touraillons ou germes d'orge . .	45,1	880
Marc de raisins.	18,3	2,185
Pulpe de betterave sèche	11,4	2,500
— verte pressée	3,8	10,580
Tourteaux de lin	52,0	769
— de colza	49,2	813
Guano du Pérou	49,7	480
Colombine	83,0	804
Poudrette	15,6	2,560
Poudre d'os.	53,1	574
Noir des raffineries.	10,6	3,770
— animalisé	10,9	3,669
Chiffons de laine	179,8	222
Crottins de cheval	5,5	7,270
Cendres de Picardie.	6,5	6,150

Est-il bien réel, bien exact que la véritable valeur des engrais soit représentée exactement par la quantité d'azote qu'ils renferment? Il est tout au moins permis d'en douter.

Ces termes de comparaison peuvent donner non pas approximativement, mais à peu près des équivalents; mais pas plus.

Il y a longtemps déjà que les praticiens ont reconnu des erreurs capitales dans ces tables, et ont abandonné l'usage de certains engrais évalués selon leur azote. Il y a longtemps, par exemple, que le noir animal, le noir des raffineries est rejeté par certains cultivateurs qui ont vu leurs récoltes diminuer, quelle que soit la quantité employée. Quelle en est la cause?

Il y en a deux : la première c'est que certaines plantes absorbent plus facilement que d'autres l'azote de l'air, et que pour elles l'engrais azoté devient presque nul ou insuffisant. La seconde, c'est que d'autres éléments soit minéraux, soit végétaux, ne peuvent être remplacés par d'autres matières, et qu'il suffit d'une inappréciable quantité de celle-ci ou de celle-là pour rendre l'engrais incomplet et incapable de nourrir la plante ou même de s'allier à la composition du sol.

N'attachons donc pas une trop grande importance à ces chiffres. Quelque grande que soit la science, elle est toujours en défaut devant la nature : il y a un abîme entre le creuset d'un chimiste et le laboratoire des plantes.

Nous pourrions citer bien des essais qui nous ont démontré le peu de foi que l'on doit accorder aux engrais prônés par le commerce ; nous n'en voulons rapporter que trois.

Comme tout le monde, nous avons cru qu'avec le guano, les tourteaux, le noir des raffineries on pouvait diminuer les engrais dans la proportion de 75, 80 0/0. Nous avons essayé. La première année les résultats ont été bons ou à peu près. La seconde, ils ont diminué d'une manière sensible. A la troisième, néant complet. Le sol était tellement appauvri qu'il a fallu tripler les fumures pour lui rendre son degré de fertilité ordinaire.

Il est plus que probable qu'il en est de même partout et chez tous les horticulteurs et agriculteurs.

On objectera, sans doute, comme le médecin dont le malade était mort parce qu'il n'avait pas pris le remède prescrit, ou qu'il n'en avait pas assez pris, ou qu'il en avait trop pris. C'est-à-dire que nous n'en avons pas assez donné, ou que nous en avons donné trop. Notre réponse est prête. Nous avons continué sur une petite échelle dans toutes les proportions, et nous avons toujours eu les mêmes résultats.

Que ceux qui doutent recommencent ces expériences, et nous sommes assuré qu'ils reconnaîtront que tous les engrais doivent être mélangés ou n'être donnés purs qu'à des distances plus ou moins éloignées.

Est-ce à dire qu'il ne faut pas les employer? Nullement. Seulement, puisque nous savons que pris isolément et en quantité ils ne produisent qu'un effet passager, et que trop souvent répétés sur le même sol ils deviennent nuls ou nuisibles, faisons-en des mélanges et augmentons ainsi la somme de nos ressources pour la fabrication des engrais artificiels, en usant des uns et des autres successivement et alternativement. Pour cela, jetons dans notre fosse, cette année celui-ci, l'an prochain celui-là, puis ensuite un autre, et ainsi de suite. Nous nous procurerons de cette manière des combinaisons utiles, indéfinies.

Nous pouvons même les employer tous, surtout avec les matières végétales et animales, en en usant avec modération.

La science nous a fourni des données très précieuses qu'il ne faut pas méconnaître : c'est maintenant aux praticiens éclairés, à ceux qui disposent de loisirs à les vérifier et à reconnaître le plus exactement possible ce qu'on peut en retirer. Pour cela rien n'est plus facile, il ne faut qu'un peu d'intelligence, de temps et de patience.

MODE D'EMPLOI DES ENGRAIS.

Les engrais doivent être, autant que possible, répartis sur le sol et enterrés soit à la fin de l'automne, soit au commencement de l'hiver. Comme nous l'avons dit, la quantité à employer doit être d'environ 100 mètres cubes à l'hectare, ce qui correspond à un mètre cube à l'are.

Il est souvent impossible d'enterrer les fumiers à l'automne ou pendant l'hiver, dans certaines parties qui sont occupées par les plantes à cette époque ; dans ce cas, il faut, autant que possible, le faire aussitôt que le terrain devient libre et n'employer que du fumier bien pourri, du terreau et des paillis très riches ; autrement la plante qui succéderait à celle qui a disparu ne trouverait pas dans le sol une nourriture suffisante, puisqu'il est déjà épuisé et que le fumier qu'il a reçu n'est pas dans un état de décomposition assez avancé pour offrir à la nutrition des plantes assez d'éléments assimilables.

Dans les maisons où l'on dispose de fumier et de terreau provenant des couches, cet embarras n'a pas lieu; parce qu'on en a une certaine provision qui trouve ainsi son emploi, c'est pourquoi il faut, quand on n'est pas dans ce cas, savoir se munir à l'avance de composts d'engrais de ferme ou d'engrais artificiels bien décomposés, remaniés et mélangés souvent pour s'en servir au besoin.

La manière d'enterrer le fumier, surtout quand on veut planter de suite, n'est pas indifférente. Il ne suffit pas de faire un labour et de recouvrir l'engrais; il faut qu'il reste à la portée des racines de la plante. Or, si l'on renverse le sol dans la jauge ouverte, sens dessus dessous, il en résulte que l'engrais se trouve recouvert de 18 à 20 centimètres de terre et qu'il est hors de la portée des racines. Il est donc indispensable, la jauge ouverte, de faire glisser le fumier sur toute la surface oblique que présente la terre labourée, et cela dans toute son étendue verticale, en enlevant l'engrais qui est sur le sol non labouré, pour le transporter sur la couche remuée. De cette manière, il occupe la couche labourée dans toute sa profondeur comme dans toute sa largeur ; de telle sorte que n'importe où la plante naisse ou soit rapidement repiquée elle arrive à l'engrais, quand même elle ne traverserait que quelques centimètres de terre.

DU PAILLIS NATUREL, DU PAILLIS ARTIFICIEL
ET DE SA FABRICATION.

Le paillis joue un grand rôle en horticulture ; il sert : 1° de fumure supplémentaire quand on n'a pas eu à sa disposition, en temps utile, des engrais à enfouir ; 2° à conserver la fraîcheur et l'humidité ; 3° à empêcher le sol de se durcir ; 4° à retenir les graines en place, afin que les arrosages ne les entraînent pas dans les parties déclives, et les y accumulent ; 5° à s'opposer à ce que les plantes soient déracinées lors des grandes pluies ou des arrosements.

On donne le nom de paillis à une sorte d'engrais très divisé, provenant des débris végétaux animalisés, tels que fumiers de couches, de couches à champignons ou de fumier pailleux préparé à cet effet. Il y a donc deux sortes de paillis : le paillis naturel et le paillis artificiel.

Le *paillis naturel* est celui qui est tout fait et qui provient des couches.

Le *paillis artificiel* est celui qui est préparé

avec des fumiers longs ou des litières provenant des écuries de chevaux. Voici la manière de le fabriquer :

Prenez du fumier de cheval, au sortir de l'écurie, et formez-en une couche de 50 centimètres d'épaisseur sur telle largeur ou telle longueur que vous voudrez, mais de manière que le tas n'ait pas moins de 1 mètre à 1 mètre 30 de hauteur. Jetez de l'eau (environ 40 litres par couche d'un mètre carré sur 50 centimètres de haut); puis piétinez fortement. Recommencez l'opération jusqu'à la hauteur susdite, toujours en mouillant et en piétinant. Laissez le tas ainsi pendant dix ou 12 jours, et quand la fermentation sera sur son déclin, remaniez-le, en ayant le soin de mettre à l'intérieur les parties les plus sèches. Mouillez encore si le fumier est devenu sec ; mais un peu moins que la première fois. Opérez, en tout, conformément à la première opération, et bordez le tas en renfonçant les parois et en les battant avec la bêche. Laissez la fermentation se rétablir de nouveau.

Dix ou quinze jours après, le paillis a besoin d'un nouveau remaniage. Cette fois, il faut secouer le fumier avec soin, placer à l'intérieur toutes les parties sèches, pailleuses ou non décomposées, et mouiller encore un peu, s'il en est besoin. Après dix ou quinze jours de ce second remaniage, on peut commencer à employer ce paillis, surtout si l'on a eu le soin de le briser et de le diviser dans toutes ses parties, en l'entassant, et de le bien border.

Si vous manquez de fumier de cheval, voici un moyen de le remplacer et de fabriquer un paillis qui en sera à peu près l'équivalent.

Prenez :

Paille de céréales et faites-en une couche de 50 centimètres d'épaisseur sur un mètre carré.

Jetez dessus un kilo de sulfate d'ammoniaque et 3 à 4 kilos de cendres ;

Ajoutez une couche de crottin de route ou de la boue de rue, 10 centimètres environ ;

Piétinez fortement ;

Mouillez avec 40 litres d'eau par mètre carré.

Recommencez l'opération jusqu'à ce que vous soyez arrivé à la hauteur de 1ᵐ,50 au moins. Laissez la fermentation s'établir.

Quinze jours après, démontez le tas, remaniez le tout ; mouillez, si la masse en a besoin.

Quinze jours plus tard, recommencez le remaniage et mouillez encore au besoin, et bordez.

Recommencez l'opération jusqu'à ce que la décomposition soit complète, ou du moins suffisante pour que le tout se brise et se divise convenablement, et faites usage comme il est dit.

Notez que ce paillis exige plus de temps pour sa préparation que le précédent, et qu'il faut, en conséquence, s'y prendre plus tôt pour pouvoir en disposer au moment où l'on en a besoin.

DES ENGRAIS LIQUIDES.

Les engrais liquides sont peu employés en horticulture; car ils produisent un plus grand effet répandus sur les plantes en végétation que versés sur le sol. Ils sont presque exclusivement réservés à la grande culture. Du reste, ils salissent les légumes et *brûlent* ou rouillent ceux qui sont tendres. Cependant, quand on manque d'engrais et qu'on ne peut s'en passer, il faut y recourir forcément et en user avec circonspection, selon leur nature, et ne les employer que sur des plantes qui ont encore au moins six semaines à parcourir avant d'arriver à leur entière croissance; car, plus tard, le résultat serait nul, et on devrait craindre que la plante récemment imprégnée de l'engrais n'en contractât l'odeur et la saveur.

S'il s'agit de carottes, panais, betteraves, navets, il faut employer l'engrais avant que les racines tournent.

On peut préparer divers engrais liquides. Voici ceux qui sont le plus à la portée de tous :

Ayez un tonneau d'une contenance d'au moins 250 litres ; placez-le sur des chantiers, de manière à l'élever de 50 centimètres, pour pouvoir mettre l'arrosoir sous la cannelle ou le robinet ; placez le tonneau debout sur l'un des fonds, après avoir défoncé l'autre, et mettez une grosse cannelle ou un gros robinet dont l'ouverture ait environ 3 centimètres de diamètre, pour débiter vite et empêcher l'engorgement.

Cela fait, prenez :

Eau.	50 litres .
Sulfate d'ammoniaque . . .	5 kilos.
Guano criblé.	10 »
Nitrate de soude.	5 »
Cendres de bois ou autres .	10 litres.

Agitez fortement le mélange et ajoutez 100 litres d'eau ; laissez reposer 24 heures. Agitez de nouveau. Mettez encore 100 litres d'eau et mêlez de nouveau. Laissez encore reposer 24 heures ; après quoi vous soutirerez 125 litres de liquide que vous rejetterez, au fur et à mesure, dans le fût, et vous pourrez vous servir de cet engrais.

Les 250 litres suffiront pour trois ares, ce qui représente environ 1 litre par mètre carré ou superficiel. On le répand le plus également possible avec un arrosoir à pomme percée de gros trous, par un temps sombre, ou le soir après le coucher du soleil ; puis on mouille immédiatement avec l'arrosoir à pomme ordinaire, pour laver la plante et faire infiltrer l'engrais jusqu'à portée des racines.

Si vous pouvez vous procurer du purin ou jus de fumier, faites-le déposer pendant 24 heures, afin que les matières lourdes, les pailles, etc., ne puissent obstruer le trou du robinet ; puis versez-en dans le fût 150 litres.

Ajoutez :

Eau	100 litres.
Guano criblé et délayé à l'avance, avec le purin ou l'eau ci-dessus	10 kilos.
Cendres quelconques. . . .	10 litres.

Agitez et opérez comme il est dit.

DU SULFATE DE FER.

C'est à l'un de nos compatriotes, Eusèbe Gris, que sont dues les premières expériences sur les propriétés du sulfate de fer sur la végétation.

Nous regrettons de n'avoir pas sous les yeux l'ouvrage qu'il a publié à ce sujet ; car nous aurions pu en citer quelques passages. Mais l'invasion prussienne qui nous a coûté tant de choses nous a privé de ces documents auxquels nous tenions sous bien des rapports.

M. Gris, dans ses expériences, a reconnu que le sulfate de fer avait une double action ; qu'il était à la fois stimulant et engrais ; stimulant à forte dose, engrais en faible proportion. C'est surtout comme stimulant qu'il l'a recom-

nandé et que nous le recommandons, d'après
nos propres essais.

Le sulfate de fer agit comme le plâtre, sur
les prairies artificielles, soit qu'on l'emploie
en poudre, soit qu'on le répande sur les plantes
après l'avoir fait dissoudre dans l'eau, c'est-à-
dire en dissolution.

Il guérit les plantes atteintes de chlorose,
aussi bien les ligneuses que les herbacées,
employé en arrosages ou bassinages sur les
feuilles.

Pulvérisé et déposé au pied des arbres souf-
frants, dont les feuilles jaunissent, il en rani-
me la végétation.

Depuis la publication de l'ouvrage de E. Gris,
on a essayé du sulfate de fer et on s'en est bien
trouvé ; les essais ont justifié ses dires ; mais,
malheureusement, la France est le pays le plus
routinier du monde : tout s'est borné à quelques essais, et le sulfate de fer est resté inconnu
ou inapprécié.

Quelques arboriculteurs l'ont essayé sur les
fruits, et disent en avoir obtenu de très beaux
résultats. Ainsi, à l'aide de deux ou trois bassinages au sulfate de fer, leur grosseur aurait
été doublée.

Quelle quantité doit-on employer ? Telle est
la question à résoudre. E. Gris l'avait abordée
et probablement résolue ; mais, privé de son
livre, nous ne pouvons rien fixer à cet égard.

Ce qu'il y a de certain, c'est qu'elle est trè
minime et peu coûteuse.

Nous n'avons jamais eu l'occasion de teni
un compte exact des quantités employées dan
nos essais ; tout ce que nous pouvons dire
c'est que nous faisions nos bassinages ave
100 grammes de sulfate de fer dissous dan
10 litres d'eau, et que nous ne ménagions pa
l'eau sur les arbres malades. Nous répétion
l'opération jusqu'à trois et quatre fois pa
mois, pendant les trois mois d'été, et l'hive
suivant nous mettions 50 à 80 et même 100
grammes de sulfate de fer au pied des pyra-
mides, dans un rayon de près d'un mètre.

MODE D'ACTION DES DIVERS ENGRAIS.

Nous avons signalé quelles étaient les subs
tances ou matières qu'on doit considérer
comme engrais ; il nous reste à expliquer leur
mode d'action. Cela n'est pas sans intérêt, car
cette explication nous mettra à même de juger
de leur valeur relative, suivant les circonstances. Nous allons donc reprendre chaque
engrais séparément.

Nous avons vu que les engrais ont diverses
actions sur la végétation :

1° Une action mécanique en divisant le sol
ou en le rendant plus compact ;

2° Une action chimique en se combinant avec les principes ou éléments du sol ;

3° Une action directe, indépendante des deux autres, en fournissant à la végétation des substances nutritives.

Argile. Elle agit en fournissant de nouvelles combinaisons chimiques et physiques, en donnant à la terre la faculté de retenir plus d'eau et plus longtemps, en rendant le sol plus compact, moins poreux, et en offrant aux plantes un de leurs principes immédiats, c'est-à-dire l'alumine. Elle est très utile dans les sols secs, légers où la chaux et la silice dominent.

Chaux. La chaux est utile dans les terres froides, humides où la fermentation est peu active. C'est surtout dans les sols silicieux et argileux non calcaires qu'elle produit le plus d'effet. Son action principale est de décomposer les matières végétales et animales et de les rendre solubles dans l'eau. Elle fournit aussi de l'acide carbonique à la végétation et des sels. Elle a aussi une action sur les acides qu'elle sature en partie ou totalement.

Marne. Il y a deux sortes de marne : la marne crayeuse et la marne argileuse. La première s'emploie dans les terres fortes, compactes et froides pour leur donner de la porosité; la seconde, sur les terres légères et sablonneuses où elle détermine une fermentation et

qu'elle rend plus aptes à retenir l'humidité qu[i]
leur fait défaut.

Il faut être très sobre dans l'emploi de l[a]
marne. En en abusant on pourrait rendre l[e]
sol infertile et s'exposer à lui donner de[s]
engrais en quantité considérable pour le rame[-]
ner à l'état normal.

Tourteaux de graines oléagineuses. Le[s]
tourteaux ont la même action que le terrea[u]
végétal ; ils sont surtout propres aux terr[es]
froides, mais ils ont plus d'activité, plus d[e]
richesse et fermentent plus rapidement. Il[s]
dégagent une grande quantité d'hydrogène e[t]
d'acide carbonique.

Tourteaux ou marc de raisins et de pommes.
Les marcs de raisins et de pommes agissent
absolument comme les tourteaux de graines
oléagineuses ; mais leur activité est 8 ou 10
fois moindre. En leur faisant une légère
addition de chaux on excite leur décomposition et on augmente leurs principes nutritifs.

Plantes, feuilles et végétaux divers. Ces
matières fournissent un excellent engrais ; ce
sont elles que nous avons prises pour base
de nos engrais artificiels. Elles ont l'avantage
de fournir des sels solubles dans l'eau, de
l'hydrogène et de l'acide carbonique. Ces
engrais peuvent être employés dans toutes
epèces de sols, sans distinction.

Plâtre. Le plâtre peut, en quelque sorte, remplacer la chaux ; mais il fournit en plus une certaine quantité d'acide sulfurique. Il décompose les végétaux et les détritus animaux moins vite que la chaux ; mais il fournit un peu plus de ses propres principes à la nutrition des plantes. Sa plus grande action a lieu sur les terres alumineuses et froides.

Sable. Le sable n'a guère d'autre propriété que celle de diviser les sols compacts ou argileux ; cependant, comme il se décompose à la longue, il fournit aussi ses principes à la végétation : c'est pourquoi il convient de le choisir suivant la nature des terres sur lesquelles on doit l'employer. C'est-à-dire que, dans les terres dépourvues de calcaire , il faut employer du sable calcaire, et dans les terres crayeuses et marneuses, le sable siliceux doit être préféré.

Sel marin. Le sel marin fournit de l'acide hydro-chlorique en disposant la terre à la fermentation, en l'employant en petite quantité ; car on a reconnu qu'à haute dose il produit précisément l'effet contraire. Le sel des mines et des fontaines salées ne possède pas, à beaucoup près, les mêmes propriétés.

Tan. Le tan, comme la sciure de bois, passe pour être nuisible à la végétation, parce qu'ils contiennent du tannin. Cependant, l'expérience a démontré qu'en y incorporant de la chaux

et en le laissant en tas pendant un certain
espace de temps; en le remaniant et en y
entretenant une humidité constante, on y dé-
terminait une fermentation qui le rendait
propre à la végétation. Dans cet état, si on le
rejette dans la fosse aux engrais, il subit une
nouvelle fermentation qui lui communique
toutes les qualités du terreau ou de la terre
de bruyère.

Tourbe. La tourbe est à base de carbone,
comme tous les humus végétaux. Elle contient
généralement beaucoup d'oxyde de fer, ce qui
la rend stérile; mais, combinée avec la chaux,
elle devient fertile en quelques mois, et possède toutes les qualités des cendres alcalines.

EAUX PLUVIALES. — QUANTITÉ DE PLUIE QUI
TOMBE DANS LES DIFFÉRENTES CONTRÉES, EN
MOYENNE. — ÉPAISSEUR DE LA COUCHE DE
TERRE MEUBLE QU'ELLE MOUILLE.

Les eaux pluviales jouent un grand rôle
dans la végétation, surtout en Europe où les
rosées sont peu abondantes. Voici une table
extraite de l'*Annuaire du Bureau des longi-
tudes* qui fournit un aperçu de la quantité
d'eau qui tombe dans les principales villes du
monde. Elle est fondée sur cinquante années
d'observations.

Il tombe :

Centim. d'eau.

A Paris . . . . , . . par an.	53
A Lyon	89
A Lille	76
A Gênes (Italie)	140
A Naples —	95
A Venise —	81
A Utrecht (Pays-Bas)	73
A Saint-Pétersbourg (Russie). . .	46
A Upsal (Suède)	43
Au cap Français (Saint-Domingue).	308
A la Grenade (Antilles).	284
A Calcutta (Bengale).	205
A Kendal (Angleterre)	156
A Liverpool —	86
A Londres ---	53

Il y a des contrées où il ne pleut, pour ainsi
dire, pas du tout, comme dans les déserts
de l'Afrique, en Barbarie, en Arabie et dans
tous les pays septentrionaux de l'Asie. Au
Pérou, dans la majeure partie de la côte occi-
dentale de l'Amérique, depuis le cap Blanc
jusqu'à Coquimbo, il ne pleut jamais. Mais,
dans ces pays, les rosées sont très abondantes et les brouillards fréquents, ce qui
procure à la végétation l'humidité qui lui est
nécessaire.

La pluie, dans notre latitude, est une des
premières sources de fertilité, car elle fournit
aux plantes une nourriture tirée de ses principes propres, et en dissolvant les sols ter-

reux elle les rend aptes à être absorbés avec l'eau par les racines.

Il est utile de savoir ce qu'une quantité déterminée de pluie ou d'eau mouille de terre. Dans les sols légers, un centimètre d'eau mouille environ dix centimètres de profondeur, pourvu que le hâle et le soleil ne viennent pas évaporer de suite l'eau tombée. Quand la terre est entièrement desséchée, l'humidité ne se fait pas sentir à cette profondeur. Il en est de même dans les sols compacts où un centimètre ne mouille que cinq centimètres à peine.

MOYEN DE RECUEILLIR LES EAUX PLUVIALES.

L'utilité des arrosages est bien reconnue et personne ne la conteste. Dans un grand nombre de localités on ne possède ni puits ni sources et la culture des légumes y devient, pour ainsi dire, impossible, puisqu'elle est subordonnée à la température, qui ne répond pas toujours aux besoins.

Certains propriétaires, dans les pays secs, construisent des citernes; mais la quantité d'eau qu'on recueille est en rapport avec la superficie des toitures, et il est fort rare qu'elle réponde aux besoins.

On fait aussi des mares pour recevoir les eaux d'égout; mais elles sont ou mal construites ou exposées à toutes les ardeurs du soleil ; il s'y fait une évaporation considérable et une quantité notable du liquide disparaît en pure perte. Le propriétaire d'un jardin, l'amateur, est privé de toutes ressources et n'est maître de rien quand il n'a pas de l'eau à discrétion. Nous allons donc donner le moyen de s'en procurer toutes les fois que c'est possible et de la conserver quand on l'a récoltée ou recueillie.

Il est bien rare que l'on n'ait pas à sa disposition un terrain susceptible de recevoir les égouts des eaux pluviales. Or, voici ce que nous proposons de faire, chose mise en pratique, depuis longtemps, en Allemagne et en Angleterre, notamment dans le comté d'York. On choisit un endroit favorable, et à proximité du jardin, quand on ne peut le faire dans celui-ci pour recevoir les eaux, en créant de petits étangs artificiels, des pièces d'eau qu'on peut rendre très pittoresques et très agréables quand on le veut.

On creuse, à cet effet, la terre, vers la fin de l'automne, dans les parties déclives d'un champ ou d'un jardin, en forme de bassin et en pente, de manière que la plus grande profondeur soit au centre et d'au moins 2 mètres. Cela fait, on unit, on égalise le terrain ; on le bat et on y répand de la chaux vive en poudre, sur 7 ou 8 centimètres d'épaisseur. Plus le terrain est poreux, plus il faut de chaux. On arrose, avec un arrosoir à pomme, cette couche de chaux de manière qu'elle fasse croûte sur la surface du terrain. Cela fait, on rapporte sur cette chaux un lit de terre glaise ou argileuse d'environ 25 centimètres, après l'avoir préalablement humectée ou ramollie pour qu'elle se laisse travailler.

On bat la glaise, à différentes reprises, jusqu'à ce qu'elle forme un corps solide et compact. On couvre, enfin, cette glaise d'un lit de craie broyée ou de pierre calcaire, ou de gravier fin, d'environ 30 centimètres, pour garantir le terrain des dégradations qu'y peuvent faire les animaux si on les y amène pour s'abreuver. Dans le cas contraire, cette couche est complètement inutile.

Les pluies d'hiver ont bientôt rempli le bassin, et les autres pluies annuelles suffisent pour l'entretenir si l'égout est assez considérable et si la quantité prise par les arrosages n'est pas trop grande. Un petit bassin de cette nature revient, dans le comté d'York, environ à 350 francs pour un diamètre de 20 mètres.

Ces bassins ont le triple usage : de servir à abreuver les bestiaux, de fournir de l'eau pour les arrosages et d'élever du poisson, notamment des anguilles. (Nous avons vu de ces dernières en Normandie, près d'Ecouis, qui pesaient plus de 3 kilos, élevées dans de pareils bassins.)

Pour empêcher l'évaporation, on plante autour de ces étangs ou bassins des arbres et des plantes grimpantes pour les dérober aux effets de l'ardeur du soleil.

Quand on ne doit pas y abreuver les bestiaux, on peut se dispenser de faire la pente aussi douce, afin de restreindre l'espace du terrain si on y tient, et on supprime la couche de pierres ou de gravier.

Dans ce cas, l'objet principal étant de subvenir aux nécessités des arrosages, on place une pompe simple ou un manège pour élever l'eau et la déverser dans un réservoir d'où on la tire, ou d'où elle part pour se distribuer dans les conduites établies à cet effet.

Si le bassin est éloigné de l'endroit que l'on veut arroser, il est indispensable, alors, de charrier l'eau à l'aide d'un tonneau spécial monté sur une voiture disposée à cet usage, ce qui devient plus onéreux et plus long. Malgré cela, il vaut encore mieux recourir à ce moyen que d'être privé d'eau. Alors, voici comment on doit s'y prendre pour diminuer la dépense quand il s'agit d'un petit jardin dont la partie qui doit recevoir des arrosements ne dépasse pas un demi-arpent, soit seize ou dix-sept ares. On creuse une citerne pouvant contenir assez d'eau pour la moitié au moins des arrosages à faire pendant toute l'année, et on y amène, pendant l'hiver, lorsque le temps n'a que peu ou pas de valeur, l'eau qu'on emploiera en été.

Reste à connaître la quantité nécessaire. Elle varie suivant les sols et les cultures, et il est fort difficile de la déterminer. Cependant, pour donner des chiffres approximatifs, établissons des données.

Dans un jardin bourgeois, où l'on ne s'adonne qu'à la culture des légumes de toutes sortes et de toutes saisons, il ne faut pas compter sur plus d'un quart de superficie ayant besoin d'arrosements réguliers ; ainsi les haricots, les pommes de terre, les pois, n'ont pas besoin d'être arrosés ; les oignons, les carottes, les choux, etc. ; ne demandent de l'eau que pendant leur jeunesse ; il n'y a donc que les plantes tendres, les salades et les semis de toute nature qui réclament impérieusement de l'eau. Or, sur seize ares, quatre ares seulement nécessitent des arrosements. Dans les terres légères, il faut compter sur 3,000 litres d'eau, au moins, par semaine et 1,500 litres dans les terres franches. Dans les jardins maraîchers de Paris et de la banlieue, on mouille à raison de 2,000 litres par are et par jour, mais les terres sont excessivement légères.

3,000 litres représentent 30 hectolitres, soit 3 mètres cubes, c'est-à-dire 12 mètres cubes par semaine pour quatre ares. Il faut calculer que les arrosements commencent en moyenne au 15 avril pour finir le 15 septembre, soit 5 mois, ou en chiffres ronds 20 semaines, ce qui représente 240 mètres cubes. Une citerne pour 240 mètres cubes doit avoir 10 mètres carrés sur 2 mètres 40 de profondeur. On obtiendrait ainsi le maximum, ou à peu près, de l'eau exigée pour la culture d'une année entière.

Les citernes destinées à recevoir les eaux peuvent être construites de différentes manières, soit avec ou sans maçonnerie. Dans ce dernier cas il faut les faire évasées par en haut, de façon à donner aux parois l'inclinaison de 45 degrés. On supprime la voûte ; mais on plante autour de ce bassin des arbres à haute tige ou en touffe, de manière à intercepter les rayons solaires et à empêcher, autant que possible, l'évaporation. Les dépenses d'établissement sont ainsi réduites dans des proportions considérables et on jouit, de plus, de l'avantage de pouvoir élever ou engraisser du poisson, ce qui est impossible dans les citernes couvertes.

Les bassins, loin d'être désagréables à l'œil dans les jardins, peuvent même leur donner un agrément et concourir à l'embellissement des pelouses, s'il y en a. Rien n'est plus propre à récréer la vue qu'un petit lac, une pièce d'eau, là précisément où l'on ne croit pas les rencontrer. Les plantations qui les entourent contribuent non seulement à la conservation de l'eau, mais encore à relever le site et à donner de la fraîcheur aux alentours. Avec quelque dépense on arrive à se procurer des jouissances d'été très utiles et très agréables. Il ne s'agit pour cela que d'un peu de goût et de savoir-faire.

PRODUIT D'UN HECTARE EN FOURRAGE VERT ET SEC ET DU FUMIER QUI EN PROVIENT.

Nous avons donné le moyen de convertir en engrais les plantes vertes ; il n'est pas sans importance de relater ici le poids que fournissent certains végétaux qu'on peut utiliser à cette fabrication. Voici, d'après Schwertz, la production en vert, en sec et en fumier, de diverses plantes. Nous y en ajouterons quelques-unes qu'il a omises et qui nous semblent plus utiles encore et plus propres à cette fabrication.

	Verts.	Secs.
Colraves	35.000 kilos.	7.700 kilos.
Pommes de terre . . .	27.000 »	7.560 »
Luzerne.	26.200 »	5.504 »
Navets.	50.000 »	5.000 »
Trèfle.	24.000 »	5.000 »
Carottes	35.000 »	4.550 »
Betteraves	36.000 »	4.320 »
Herbes des prés. . . .	13.000 »	2.793 »
Chicorée sauvage . . .	55.000 »	29.000 »

Voici maintenant que ces mêmes plantes donnent en fumiers, contenant 75 pour cent de liquide, et en poids. Il reste entendu que la décomposition est assez complète, mais que les matières ne sont pas réduites en terreau.

Produit en fumier :

	Kilog.
Colraves	13.415
Pommes de terre	13.230
Luzerne	10.000
Navets	8.750
Trèfle	8.270
Carottes	8.000
Betteraves	7.560
Herbes des prés	4.888
Chicorée sauvage	15.000

Il est à remarquer, dans ce tableau, que l'on aura généralement plus d'avantage de livrer à la vente ou de faire consommer les colraves, pommes de terre, navets, carottes, betteraves, que de les convertir en engrais. Cependant, nous avons cru devoir reproduire ces chiffres à titre de renseignement ; car il peut arriver que ces produits ne trouvent pas d'écoulement facile dans certains cas.

Un grand nombre de plantes ne figurent pas ici, par la raison que nous ne nous sommes pas encore adonnés suffisamment à la fabrication des engrais végétaux. C'est une chose nouvelle ; mais ce n'est pas un motif pour qu'on ne cherche pas à les employer. Nous sommes parfaitement convaincu que du jour où l'on voudra rompre avec la routine on trouvera d'immenses avantages à en user.

DES ENGRAIS PROPRES A LA CONFECTION DES COUCHES.

La plupart des propriétaires de jardins, quelle qu'en soit, du reste, l'importance, font des couches pour avoir des primeurs ou, tout au moins, du plan hâtif de bonne qualité. Ainsi, il n'est pas possible, dans les régions du Centre et du Nord, de se passer de couches si l'on veut faire des melons et des chicorées hâtives qui ne montent pas (1). Les couches sont, pour ainsi dire, de première nécessité pour l'amateur; partant, il faut qu'il sache quels sont les engrais propres à leur confection et en même temps leur valeur et qualité spéciales. C'est ce que nous nous proposons de faire dans ce chapitre.

On sait que les couches ont pour but de suppléer à la chaleur qui manque dans un climat ou une saison, par une chaleur factice ou artificielle. Tous les engrais, quand ils ne sont pas entièrement décomposés, donnent une chaleur plus ou moins grande, suivant leur nature et la manière dont ils sont employés, et aussi l'époque à laquelle on en use.

(1) On sait que la graine de chicorée qui n'est pas germée en deux jours est sujette à monter sans pommer.

Comme il est indispensable de connaître la somme de chaleur que développe chaque engrais et la durée que la couche la conserve nous en donnons le tableau.

On emploie, ou on peut employer, pour la confection des couches, les matières suivantes:

1° Fumier d'âne, de cheval ou de mulet ;
2° Fumier de mouton ;
3° Tannée ;
4° Feuilles sèches ;
5° Poudrette mélangée à des détritus de végétaux ;
6° Marcs de raisins ou de pommes.

Le *fumier d'âne, de cheval ou de mulet* fait monter le thermomètre de 55 à 60 degrés Réaumur (de 64 à 75 centigrades). Cette chaleur se conserve pendant près d'un an en diminuant graduellement de 4 à 6 degrés centigrades par mois.

Le *fumier de mouton* est plus actif, plus chaud ; il peut faire monter le thermomètre à 60 ou 75 degrés Réaumur (75 à 92 centigrades); mais il ne la conserve que trois ou quatre mois.

La *tannée, tan ou écorce de chêne*, qui a servi à tanner les cuirs, donne de 35 à 40 degrés Réaumur (44 ou 50 centigrades), et la conserve pendant six mois.

Les *feuilles sèches* donnent de 35 à 40

degrés Réaumur (44 à 50 centigrades) et la conservent pendant un an.

La *poudrette*, mélangée avec moitié de fumier de cheval, fait une excellente couche. Elle donne ainsi de 50 à 60 degrés Réaumur (63 à 75 centigrades) et conserve cette température pendant huit ou dix mois, en perdant à peine 4 ou 5 degrés centigrades par mois.

Marcs de raisins et de pommes. Les marcs de raisins et de pommes donnent de 40 à 50 degrés Réaumur (50 à 63 centigrades) et la conservent quelquefois pendant près de dix-huit mois, suivant les circonstances.

On peut faire des mélanges de toutes ces matières et obtenir d'excellents résultats par ces combinaisons.

FIN.

TABLE

OUVRAGES DE M. LEBEUF

Ces ouvrages sont expédiés *franco* par la poste, contre un mandat ou des timbres-poste à 25 centimes non séparés.

Culture de la Vigne, *Guide du Vigneron et de l'Amateur de treilles*, indiquant, mois par mois, les travaux à faire dans le vignoble et dans les jardins sur les treilles. 1 vol. in-18 avec 32 gravures, 2 fr. 50.

Culture des Champignons de couche et de bois et de la Truffe, ou moyens de les multiplier, reproduire, accommoder, conserver, et de reconnaître les champignons sauvages comestibles, etc. 1 vol. in-18 avec 17 gravures, *franco*, par la poste, 1 fr. 50 c.

Les Asperges, les Fraises, les Figues, les Framboises et les Groseilliers, ou description des meilleures méthodes de culture, de la manière de les forcer pour avoir des primeurs et des fruits pendant l'hiver; suivi du *Calendrier du cultivateur d'asperges et de fraisiers*, indiquant, mois par mois, les travaux à faire dans les aspergeries et les fraiseries. 1 vol. in-18, 5e édition, avec 28 gravures sur bois, 1 fr. 50 c., *franco* par la poste.

L'Horticulteur gastronome. — BONS LÉGUMES ET BONS FRUITS, ou choix des meilleurs variétés de plantes potagères et de vignes, etc., à cultiver; moyens de *conserver les fruits et légumes* pendant l'hiver, suivis des 365 *salades de l'Ami Antoine*, de la manière *d'établir un jardin potager-fruitier de produit* et du *Calendrier de l'horticulteur*. 1 vol. in-18, 1 fr. *franco* par la poste.

Arbres fruitiers. — *Culture et taille économique rationnelle des* **POIRIER, POMMIER, PRUNIER, CERISIER**, ou 1° Moyens de préparer le sol et de planter économiquement pour avoir des arbres productifs et de longue durée; 2° Description des 30 meilleures variétés de poires pour espaliers et des 30 plus méritantes pour haute tige pour la consommation de l'été, de l'automne, de l'hiver et du printemps; 3° Formes nouvelles naturelles, opposées aux formes théoriques et fantaisistes improductives et onéreuses; 4° Taille simplifiée; 5° Conservation des fruits; 6° Extinction des variétés anciennes et leur remplacement; 7° Silhouettes ou gravures des 43 meilleures poires de grandeur naturelle et gravées d'après nature, un espalier et une pyramide modèles, etc. 1 vol. grand in-18 jésus, *franco* par la poste, 2 fr. 50 c.

Révolution agricole (*culture industrielle*) ou *Moyen de faire des bénéfices en cultivant les terres*, 1 vol. in-18, avec figures, 2 francs, *franco* par la poste.

Paris.-Imp. PAUL DUPONT. 2072.10.87 R

EXTRAIT DU CATALOGUE

DES

ASPERGES, FRAISIERS, ARBRES FRUITIERS

VIGNES, ETC.

DE

A. GODEFROY-LEBEUF

Gendre et Successeur

26, route de Sannois, 26

A ARGENTEUIL

(Seine-et-Oise)

Automne 1886, Printemps 1887

Le Catalogue général est envoyé *franco*
à ceux qui en font la demande *franco :*
il annule les précédents.

AVIS IMPORTANT

L'Asperge d'Argenteuil, connue depuis 50 ans, a acquis une réputation euro
péenne, elle est cultivée avec succès dans tous les pays. — Le premier, nous
avons vulgarisé le mode de culture suivi à Argenteuil, en publiant un petit
traité (*Les Asperges, les Fraises, les Figues, les Framboises et les Groseilles*)
où nous avons démontré comment on peut obtenir partout et presque sans frais
d'immenses quantités d'asperges. Le succès de ceux qui l'ont lu et mis en pratique a été complet.

Notre établissement ne faisant pas d'asperges pour la Halle, peut réserver
tous ses porte-graines pour la production des griffes.

MODE D'EXPÉDITION : Les expéditions d'asperges et de fraisiers, etc.
commencent le 15 septembre et se continuent jusqu'à la fin d'avril. Celles
d'arbres et arbustes, de plantes ligneuses, aussitôt que la température le per-
met. — Les envois se font par ordre d'inscription, aux frais et risques du des-
tinataire. — L'emballage est compté à prix de revient et ne peut être déduit
sous quelque prétexte que ce soit. Les brochures seules sont expédiées par la
poste.

*Les personnes qui désirent recevoir leurs colis par tarif postal, dans le cas où
le poids ne dépasse pas 3 kilogrammes, sont priées de joindre à leur commande le
montant du port, soit 60 centimes en gare, 85 centimes à domicile.*

Pour l'étranger, envoyer le montant des frais.

Les envois se font, soit contre un mandat à vue sur une maison de banque
de Paris, soit contre un mandat de poste dont *le talon sert de quittance*, ou,
**à défaut nous nous couvrons du montant de nos expéditions
par une traite à vue, trente jours après l'exécution des
commandes.**

ASPERGES D'ARGENTEUIL
Dites de Hollande améliorées

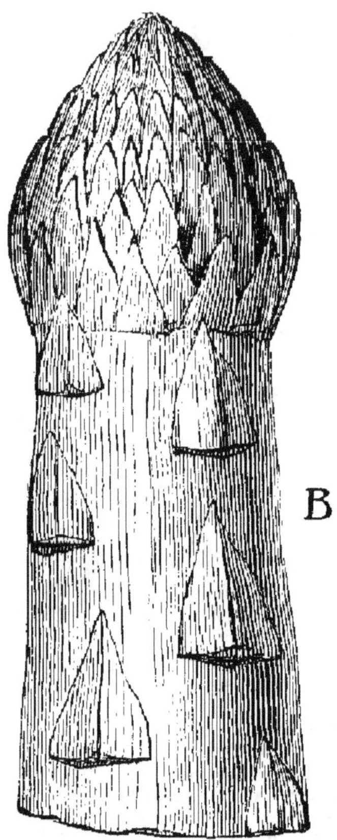

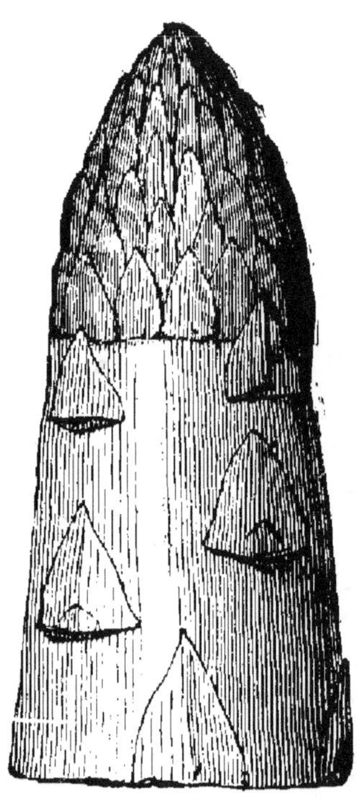

ROUGE HATIVE ou VIOLETTE D'ARGENTEUIL.

Les 100 griffes. 1er choix.....	10 »
Le mille —	90 »
Les 100 griffes. 2e choix.....	7 »
Le mille —	65 »

La figure 1 représente l'asperge hâtive d'Argenteuil de grosseur moyenne. Plusieurs atteignent jusqu'à seize centimètres de circonférence et un poids de 300 grammes.

VIOLETTE TARDIVE D'ARGENTEUIL

Les 100 griffes. 1er choix.....	10 »
Le mille —	90 »
Les 100 griffes. 2e choix.....	7 »
Le mille —	65 »

La figure 2 représente l'asperge tardive d'Argenteuil, de grosseur ordinaire. Plusieurs atteignent dix-sept centimètres de circonférence et un poids de 350 grammes.

Ces variétés sont les plus belles et les plus estimées, les plus productives, les meilleures de toutes celles connues. Elles ont obtenu plus de cent récompenses aux diverses Expositions en France et à l'étranger. Elles se plantent sans engrais, sans défoncement ni transport de terre, en février, mars et avril, au centre et au nord de la France; dans le Midi, on peut planter à l'automne.

L'asperge d'Argenteuil réussit dans tous les sols, pourvu qu'ils ne soient pas trop humides et qu'ils aient vingt-cinq centimètres de terre végétale; c'est celle qui exige le moins d'engrais.

Par l'ancienne méthode, il en coûtait plus de 100 francs (fosse, engrais et plantation) pour établir un carré de cent touffes d'asperges; aujourd'hui, ce travail se fait avec une journée d'homme (5 fr. au plus). Un hectare de terre planté en asperges produit à Argenteuil 6,000 francs de bénéfice net. (Voir la brochure : *les Asperges, les Figues, les Framboises et les Groseilles*, pour connaître le mode de culture.

FRAISIERS

On ne livre pas au-dessous de 12 pieds de fraisiers, excepté pour les variétés tout à fait nouvelles ou celles qui sont désignées en plus petit nombre.

On plante en septembre, octobre, novembre, février, mars et avril.

FRAISIERS REMONTANTS ou des quatre saisons (*Fragaria semper florens*).

Les Quatre-Saisons ordinaires ne donnant que de petits fruits, sont supprimées de nos cultures, c'est pourquoi la liste ci-dessous ne contient que des variétés améliorées dont les fruits sont plus beaux et meilleurs.

BUISSON ROUGE D'ARGENTEUIL (*Lebœuf*), quatre-saisons, sans filets, à fruit rouge, extrêmement productif et donnant jusqu'aux gelées. Ses fruits sont exquis. Les 12 pieds, 1 fr. 50; le cent .... 5 »

BUISSON BLANC D'ARGENTEUIL (*Lebœuf*), quatre-saisons, à fruit blanc, sans filets, le plus robuste, le plus productif et le meilleur de tous les fraisiers à fruit blanc sans filets. Les 12 pieds, 1 franc; le cent .... 7 »

PERPÉTUEL D'ARGENTEUIL, à fruit rouge et à filets (*Lebœuf*). Les 25 pieds, 2 francs; le cent .... 5 »

PERPÉTUEL D'ARGENTEUIL à fruit blanc et à filets (*Lebœuf*). Les 12 pieds, 1 franc; le cent .... 5 »

REINE D'ARGENTEUIL, à fruit rouge et à filets (*Lebœuf*). Les 25 pieds, 2 francs; le cent .... 5 »

FRAISIERS
NON REMONTANTS
FRAISIERS NOUVEAUX
annoncés pour la première fois

(Voir le *Catalogue général* pour plus amples renseignements.)

BONNE-BOUCHE (Godefroy-Lebœuf). - Plante trapue, fruit très gros, rouge vif à l'extérieur. Chair rouge foncé de très bonne qualité et de maturité très tardive. C'est une fraise pour les terrains froids à planter au nord si on veut prolonger la récolte.
La pièce, 3 fr.

NOBLE, LAXTON. — Fruit très gros de forme régulière, très hâtif, chair ferme rouge foncé, vineuse. C'est une plante de marché dont on a beaucoup parlé à Londres cette année.
La pièce, 1 fr. 50.

PIMPANTE (Godefroy-Lebœuf). — Fruit de très jolie forme, de dimension moyenne, à graines saillantes portées sur des hampes solides, calice recouvrant le fruit, forme régulière. Chair rouge, fine, fondante, juteuse, de qualité tout à fait supérieure, maturité hâtive, plante excellente pour les terrains secs, d'une vigueur remarquable.
La pièce, 3 fr.

Bonne-Bouche.

FRAISIERS NOUVEAUX

annoncés pour la deuxième fois

CAPRICE (*God.-Lebeuf*). Variété superbe, robuste, fruit rouge foncé, très gros, chair juteuse, graines petites et rares, peu enfoncées, calice relevé, feuillage large et étoffé, gain superbe. Sa vigueur la rend précieuse pour les terrains peu fertiles, hâtive.

POMONE (*God.-Lebeuf*). Variété très fertile, fruits très gros, rouge vif régulier, graines grosses mais peu nombreuses, maturité moyenne. Se force facilement.

La pièce, 3 fr.

LA SAVOUREUSE, *God.-Lebeuf*. Fruit moyen dans le genre d'Abricotée, variété fertile, chair rose saumonée, juteuse, une des meilleures fraises que nous ayons obtenues.

La pièce, 3 fr.

PRETTY (*God.-Lebeuf*). Les six, 4 fr.

MIRZA (*Godefr.-Lebeuf*). Les six, 4 fr.

KING OF THE EARLIES (*Laxton*). La douzaine, 4 fr.

THE CAPTAIN (*Laxton*). La douzaine, 4 fr.

FRAISIERS NOUVEAUX

annoncés pour la troisième fois

VLAN (*G.-L.*).. Les 12, 5 fr.

TONKIN (*G.-L.*). Les 12, 5 fr.

MARIE (*G.-L.*). Les 12, 5 fr.

Pimpante.

FRAISIERS EN GROS
POUR LA GRANDE CULTURE

On ne donne pas de quantités inférieures à celles cotées.
Ces prix sont sans escompte.

	le cent	le mille		le cent	le mille
Céres	25 »	200 »	Jucunda	6 »	50 »
David	25 »	200 »	May Queen	6 »	50 »
Docteur Morère	8 »	100 »	Marguerite	4 »	35 »
Elton	6 »	50 »	Princesse-of-Wales	8 »	70 »
Flora	25 »	200 »	Prince impérial ou Ricard des halles	4 »	35 »
Grosse-Bonne	25 »	200 »			
Haquin	20 »	160 »	Victoria	5 »	40 »

FRAISIERS PRIS PAR SÉRIE

Série A. — 100 pieds en 10 variétés assorties sans nom............	3	»
Série B. — 100 pieds : 10 variétés étiquetées........................	8	»
Série C. — 100 pieds : 10 variétés hâtives, moyennes et tardives.....	10	»
Série D. — 100 pieds : 10 — —	12	»
Série E. — 100 pieds : 10 — —	20	»

ARBRES FRUITIERS

Nota. — Pour se renseigner sur les meilleures variétés à cultiver en espalier, en plein vent, etc., consulter l'ouvrage annoncé plus loin : *Culture et taille rationnelles et économiques du poirier, du pommier,* etc.
(Voir le Catalogue général, pour les nouveautés.)

ABRICOTIERS
VARIÉTÉS RECOMMANDABLES

Hte tig. ou pl. vent....	3 » à 4	»
Demi-tige..............	2 » à 3	»
Espalier..............	» 75 à 1	»

CERISIERS
VARIÉTÉS LES PLUS IMPORTANTES

Hte tig. ou pl. vent....	2 50 à 3	»
Demi-tige..............	1 50 à »	»
Espalier pyramide......	» 75 à 1	»

FIGUIERS

BLANC d'Argenteuil..............................	la pièce	1	50
ROUGE	la pièce	2	»
OSBORN PROLIFIC (nouveauté extra pour la culture en pots,.	la pièce	3	»

PÊCHERS (20 variétés choisies)

Haute tige ou plein vent.....................	3 » à 4	»
Demi-tige	1 50 à 3	»
Espalier	1 » à »	»

Amsdem ou **Pêche** de juin. Magnifique variété américaine qui surpasse en beauté et en précocité toutes les variétés hâtives. C'est du reste, aujourd'hui, la variété la plus estimée dans les États de Delaware et Maryland, où la culture du pêcher couvre 20,000 hectares.
La pièce, **1** fr. 50; le cent, 125 francs.

POIRIERS (100 variétés de choix)

Haute tige, de..................................	3 » à 4	»
Pyramide, espalier ou basse tige, sur franc..............	» 90 à 1 20	
— — sur cognassier..........	» 75 à 1	

PRUNIERS (17 variétés)

Haute tige ou plein vent, de..................	2 50 à 4	»
Pyramide ou basse tige......................	1 25 à 3	»
Prunes, sujets d'un an de greffe..................	» » à »	»

VIGNES (50 variétés)

Chasselas de Fontainebleau doré, noir, Morillon ou Madeleine, etc.
Le pied, 0 fr. 50; le cent, 35 fr.
Muscat, Malaga, Alicante, Frankental et autres variétés,
le pied enraciné, de.............................. 1 » à 2 »

FRAMBOISIERS

Framboisier rouge à gros fruits, la douzaine....................	3	»
Merveille des quatre-saisons, à gros fruit rouge, remontant jusqu'aux gelées, la douzaine....................	4	»
César à fruit blanc ou jaune, très belle et très bonne qualité, la douz.	4	»
Merveille des quatre-saisons, à fruit jaune, la douzaine............	4	»
Belle de Fontenay, remontante, à fruit rouge, la douzaine..........	3	»
Catawissa, framboisier originaire d'Amérique, fruit gros, rouge, de qualité supérieure. Variété remontante, la douzaine..............	3	»

GLAIEULS

1re série, 25 oignons extra...	8	»	3e série, 25 oignons très variés..............................	4 »
2e — 25 oignons de choix, assortis....................	6	»	Le cent. en mélange. ....15 à 20 »	

ROSIERS

Tige de 1 mètre environ, | Demi-tige.......... 1 fr. à 1 fr.
    1 fr. 25 à 1 fr. 50 | Franc de pied...... » 50 à 1

LAITUE LEBEUF *(à goût de romaine)*

La laitue Lebeuf est de toutes les saisons; depuis 14 ans elle fait ses preuve
et est de plus en plus demandée.
Le paquet de 1 gramme, contenant environ 500 graines, est du prix de 60

ARTICHAUT *(Gros vert de Laon amélioré)*

Provenant de la meilleure plantation des environs de Paris.
Le cent, de **6** à **9** fr., suivant le cours.

CHOU MARIN *(le crambe des Anglais)*

Légume qui précède la venue des asperges.
Beaux plants... Les 12, 4 f
    Le cent, 25 f

BLANC DE CHAMPIGNONS

Provenant des exploitations des carrières si renommées d'Argenteuil.
La bourriche, pour une meule de 2 mètres........................... 3 f
Pour la culture, voir *Culture des Champignons*, 1 vol , **1** fr. **50**.

OSEILLE GÉANTE

La plus belle et la meilleure des oseilles connues. Le pied, **0** fr. **40**;
    les 12, 3 f

COMMISSION — EXPORTATION

Nous nous chargeons d'acquérir comme commissionnaire tout ce qui a tra
à l'horticulture, moyennant une commission de **10 0/0**; nous nous chargeon
d'expédier dans tous les pays étrangers ouverts à l'introduction des plante
toute commande accompagnée de son montant et des frais d'expédition.

POMMES DE TERRE

VARIÉTÉS TOUT PARTICULIÈREMENT RECOMMANDÉES

Pour la table

Snow flake, les 10 kil........ 5 » | Ash Leawed, les 10 kil...... 4 5
Magnum bonum, les 10 kil.... 5 » | Rigault, les 10 kil.............. 4 5

PLANTES DE SERRE, ORCHIDÉES

Demander le *Catalogue général.*

ORCHIDÉES ÉTABLIES ET IMPORTÉES

BON MARCHÉ SANS PRÉCÉDENT

Nous importons directement des pays d'origine, la plus grande partie de
orchidées que nous mettons en vente, il nous est donc facile de livrer de
plantes saines à très bas prix.

COLLECTION POUR COMMENÇANTS

12 espèces de serre froide ou tempérée.. 50
24   —   —   100
50   —   —   200

Toutes ces plantes sont établies de force à fleurir.
Toute personne s'intéressant à ce genre de plantes recevra sur sa demande
nos listes régulières de plantes d'introduction.

PRINCIPALES VARIÉTÉS DE GROS FRUITS

DE RACE AMÉRICAINE

Voir le *Catalogue général* pour les autres variétés.)

Ce choix est fait dans 400 variétés de race américaine. Celles qui sont marquées *h* sont *hâtives* — *m*, de *moyenne saison* — *t*, *tardives* — *f*, propres à la *culture forcée*.

Les personnes qui n'ont pas de prédilection pour une variété plutôt que pour une autre pourront nous faire connaître la nature de leur terrain, nous dire si elles désirent des fraisiers de qualité ou de produit. Elles pourront s'en rapporter à notre choix.

Variété	Les 12 pieds.
Abel Carrière *t*. le pied, 1 fr..	5 »
Abondance (*Lebeuf*) *t*	2 50
Abricotée (*God.-Lebeuf*)........	2 50
Augusta (*Lebeuf*) *m*	2 50
Aurélie (*Lebeuf*) *t*.............	2 »
Bayard (*Lebeuf*) *m*	2 »
Belle Bretonne (*Boisselot*).....	2 »
Belle Cauchoise (*Acher*).......	1 50
Belle de Paris (*Bossin*) *t*......	1 »
Belle Lyonnaise (*Nardy*) *t*.....	1 50
Boule-d'Or (*Boisselot*) *m*.......	2 »
Bourguignonne (*Lebeuf*)........	3 »
Camargo (*God.-Lebeuf*).........	3 »
Carolina superba (*Kitley*) *m*...	2 »
Cérès (*Lebeuf*) *t*...............	3 »
Chatelaine (la) (*Lebeuf*) *m*.....	3 »
Colbert (*Lebeuf*) *m*............	3 »
Coquette (*Lebeuf*) *m*...........	3 »
David (*Lebeuf*) *t*. Les 6 pieds, 2 fr. 50; les 12 pieds, 4 fr.; les 50 pieds, 15 fr. (Fraisier exceptionnel, peut-être le plus productif de tous).	
Docteur Hogg (*Bradley*).......	3 »
Docteur Morère (*Berger*).......	1 50
Docteur Nicaise (*Dr Nicaise*) *h*.	1 »
Duc de Malakoff (*Gloede*) *m f* .	1 »
Eclipse (*Reeve*) *h*.............	2 »
Eleanor (*Myall's*) *t*............	1 50
Elton improved (*Jardins royaux de Frogmore*)................	1 50
Eve (*Lebeuf*) *t*................	2 50
EXCELSIOR (*God.-Lebeuf*) les 12	5 »
Fairy Queen (*Jard.de Frogmore*)*m*	2 »
Fertile (la) (*de Jonghe*) *m*......	2 50
FLO-FLO (*God.-Lebeuf*)........	5 »
Flora (*Lebeuf*) *t*...............	2 »
Formosa (*Dr Nicaise*) *h*	2 50
Georgette (*God.-Lebeuf*) 1/2 *h*..	3 »
Godefroy-Lebeuf (*Boisselot*) *t*..	3 »
Goliath (*Kitley*) *t*.............	1 50
Globe (*de Jonghe*) *m*...........	2 »
Gracieuse (*Lebeuf*) *m*..........	3 »
Grosse Bonne (*Lebeuf*) les 6...	3 »
Haquin (*Haquin*) *t*.............	3 »
Hébé (*Lebeuf*) *m*..............	2 »
Her Majesty (*Mme Cléments*)...	1 50
Impériale (*Duval*) *t*. *f*..........	1 50
Incomparable (l') (*Lebeuf*) *m* ...	2 »
Isis (*God.-Lebeuf*).............	3 »
Jeanne-Grégoire (*Lebeuf*)	3 »
Jolie (la) (*Lebeuf*) *m*	2 »
Jucunda (*Salter*) *t*.............	1 »
Junon (*Lebeuf*).................	3 »
Jupiter (*Lebeuf*) *t*.............	3 »
Kaminski *t*.....................	2 »
Kate (*Mme Cléments*) *h*	3 »
LEDA (*God.-Lebeuf*)...........	5 »
LILI (*God.-Lebeuf*)............	5 »
Lisette (*Lebeuf*) *m*.............	2 50
Lucette (*Lebeuf*)...............	5 »
Longue hâtive (*Lebeuf*) *h*......	2 »
Longue tardive (*Lebeuf*) *t*	2 »
Madame RONDEAU (*God.-Leb.*).	5 »
Marcel (*God.-Lebeuf*)..........	3 »
Marthe Lebeuf (*Lebeuf*)........	3 »
Miss Œnea (*God.-Lebeuf*)......	3 »
Mithridate (*Lebeuf*) 1/2 *t*......	2 »
Marguerite (*Le Breton*) *h f*	1 »
Mgr Fournier (*Boisselot*).......	2 »
Napoléon III (*Gloede*) *t*........	1 50
Nectarine *t*....................	3 »
Niniche (*God.-Lebeuf*)..........	4 »
Olivier de Serres (*Lebeuf*) *m*...	2 »
Orb (*Nicholson*) *m*.............	2 50
Pêche de Juin (*Lebeuf*)........	3 »
Président Wilder (*de Jonghe*) *m*	2 50
Princes. Dagmar (*Mme Cléments*)*h*	2 50
Premier (*Riffet*) *m*.............	1 50
Président (*Green*) *h*...........	2 »
Prince impérial (*Graindorge*) *h f*	1 »
Pulchra (*Lebeuf*)...............	3 »
Pylade (*God.-Lebeuf*) 1/2 *t*.....	3 »
QUITO (*Godefroy-Lebeuf*)......	5 »
Reinette (*Lebeuf*) *h*...........	3 »
Robuste (la) (*de Jonghe*) *m*....	2 »
Rose (*Lebeuf*)..................	3 »
Scipion (*Lebeuf*) *m*............	2 »
Sir Charles Napier (*Smith*) *t*. .	1 50
Sir Harry (*Underhill*) *m f*......	2 »
Sir Joseph Paxton (*Bradley*) *m*.	1 50
Sir Walter Scott (*Nicholson*) *m f*	2 »
Souvenir de Juillet (*Lebeuf*). ..	3 »
Tita (*God.-Lebeuf*).............	3 »
Triomphe de Paris (*Souchet*)...	2 »
The Kimberley (*Kimberley*) *t* ..	2 »
Victoria (*Trollop*) *m f*..........	1 »
Vingt-Mai (*Lebeuf*) le plus hâtif des fraisiers..................	3 »
Washington (*Lebeuf*) *m*........	2 »
White pine apple (*White Albion*)*m*	1 »
Wonderfull (*Jeyes*).............	1 50

Nota. — Voir le *Catalogue général* pour la description des autres variétés.

Paris-Imp. PAUL DUPONT, 41 rue Jean-Jacques-Rousseau.   2074.40.87 M